BUNTE KOSMOS TASCHENFÜHRER

Bunte Kosmos-Taschenführer

Kosmos · Gesellschaft der Naturfreunde
Franckh'sche Verlagshandlung · Stuttgart

Christine Adrian

Große Hunde

60 Farbfotos zum Bestimmen von
Jagd-, Wach- und Schutzhunden
sowie Schäfer- und Hütehunden

Kosmos · Gesellschaft der Naturfreunde
Franckh'sche Verlagshandlung · Stuttgart

Umschlag von Edgar Dambacher
unter Verwendung eines Farbfotos von Hans Jesse
Das Bild zeigt Collies
Mit 60 Farbfotos von Bergien S. 37/u; Bethke S. 23/u; Eick von Schoeler S. 41/o; Hecker S. 27/u; Hinz S. 9/u, 15/u, 25/o, 39, 43/u, 47/u, 51/u, 53, 57/u, 59, 61/o, 63/u, 67/u; Howe S. 9/o; Illemann (Knaur) S. 11/o, 35/o, 65/u; Jesse S. 13, 15/o, 17/u, 19/u, 21/u, 33/u, 35/u, 37/o, 41/u, 49/u, 61/u, 65/o; Jud S. 33/o; Krüger S. 23/o; Lindenburger S. 49/o; Petri S. 21/o; Roebild S. 11/u, 17/o, 29/o, 31/u, 43/o, 45/u, 55, 67/o; Rogoll S. 47/o; Schmucker S. 29/u; Schritt S. 45/o; Schwoyer S. 25/u, 27/o; Toppius S. 51/o; Vornholt S. 19/o; Weber S. 31/o; Weininger S. 63/o; Widmann S. 57/o
sowie 61 Zeichnungen von H. G. Lechler

CIP-Kurztitelaufnahme der Deutschen Bibliothek

Adrian, Christine
Grosse Hunde : 60 Farbfotos zum Bestimmen von Jagd-, Wach- u. Schutzhunden sowie Schäfer- u. Hütehunden.
(Bunte Kosmos-Taschenführer)
ISBN 3-440-04305-3

Franckh'sche Verlagshandlung, W. Keller & Co., Stuttgart / 1976

Printed in Italy / Imprimé en Italie / LH 9 dö / ISBN 3-440-04305-3
Satz: IBV Lichtsatz KG, Berlin
Reproduktion, Druck und Buchbinder: Grafiche Muzzio, Padua / Italien

Große Hunde

Der Wolf – Stammvater aller Haushunde?

Ob weiße Maus oder Reitpferd, unsere Haustiere stammen alle von wilden Tieren ab. Diese Vorfahren der Wildnis kennen wir gut, und wir erkennen sie, oft auf den ersten Blick, etwa beim Rundgang durch den Zoo. Denn trotz aller herausgezüchteten Unterschiede ist die Ähnlichkeit zwischen Haus- und Wildtier unverkennbar geblieben. Nur der Hund scheint da eine Ausnahme zu machen.

Vergleichen Sie doch einmal die verschiedenen Hunderassen mit dem Wolf, ihrem angeblichen Stammvater. Bei Schäferhund, Wolfsspitz oder Chow Chow leuchtet diese Verwandtschaft wohl jedermann ein. Doch wie kann man an einen solchen Gedanken glauben im Angesicht von Dackel, Greyhound oder Zwergpinscher? Die Vorstellung, solche Hunde seien Nachfahren von Wölfen, fällt schwer – gelinde gesagt. Wissenschaftliche Hundeforscher lassen sich aber durch solche Aspekte nicht beirren. Eingehende Studien über Körperbau, Verhalten und Kreuzungen von Haushunden und hundeartigen Raubtieren haben erbracht, daß vermutlich nur Wölfe und vielleicht noch die nahe verwandten Schakale als Ausgangsformen für unsere Haushunde in Frage kommen. Aber welche Wölfe und welche Schakale? Es gibt von beiden zusammen nämlich rund vierzig Arten, die überall verbreitet sind, von den Polen bis in die Tropen. Zwangsläufig unterscheiden sie sich sehr in Aussehen und Lebensweise. Die Variationen reichen vom sibirischen Wolf bis zum zierlichen Goldschakal, der ein ungemein liebenswürdiges Haustier sein kann, wenn er jung von Menschen in Pflege genommen wird.

Leider wird man wohl nie hieb- und stichfest beweisen können, wo und aus welchen Wildtieren der Haushund wirklich entstanden ist. Zehntausend Jahre – vielleicht sogar mehr – haben die Spuren verwischt. Was man heute dazu hört, sind Theorien, Denkmöglichkeiten, die zwar recht wahrscheinlich und einleuchtend klingen, doch keinen Anspruch auf unumstößliche Wahrheit besitzen.

Gleichgültig, von welcher Wolfs- oder Schakalart der Haushund nun abstammt – es bleibt die interessante Frage, wie aus so wenig „Ursprungsmaterial“ so viele und so verschiedene Hunderassen entstehen konnten. Und darüber weiß man zum Glück sehr viel mehr. Denn Neuzüchtungen und Umzüchtungen von Rassen haben sich ja nicht nur in grauer Vorzeit abgespielt. Sie finden auch heute statt – sozusagen vor unseren Augen.

Hier kommen zwei züchterische Möglichkeiten in Frage: Entweder werden zwei Rassen miteinander gekreuzt und das Ergebnis wird eine Mischung, die sich ziemlich genau vorhersagen läßt, oder es werden rassereine Jungtiere nach bestimmten Gesichtspunkten aussortiert, die einen zur Weiterzucht, die anderen als „Ausschuß“, dessen Eigenschaften nicht weitervererbt werden sollen.

Jedes Kind weiß, daß Jungtiere eines Elternpaares sich nicht gleichen wie ein Ei dem anderen. Immer wieder werden Welpen geboren, die mehr oder weniger von der Norm abweichen. Gewöhnlich kommen nur solche Tiere zur Weiterzucht, die dem Rasse-Standard möglichst genau entsprechen – es sei denn, die Abweichung erscheint dem Züchter so interessant oder nütz-

lich, daß er beschließt, diese Hunde als neue Rasse weiterzuführen. Auf diese Weise sind wohl die vielen Zwergformen großer Rassen entstanden und ebenso manche andere Rasse, deren Aussehen auf den ersten Blick etwas unsinnig anmutet. Wer aber weiß, warum und wozu diese Rassen „erfunden“ wurden, wird auch einsehen, daß sie – wenigstens ursprünglich – höchst zweckmäßige Geschöpfe waren.
Ausschlaggebend für das Schicksal eines „aus der Art geschlagenen“ Hundes war nämlich stets, wann und wo er geboren wurde. Während zum Beispiel ein kurzbeiniger Windhund in seiner Heimat gewiß keine Überlebenschance hatte, wurde ein zufällig auftauchender Dackel für den Jäger im Fuchs- und Dachsrevier ein willkommener Gehilfe. Und während kein Jäger einen Hund mit aufgebogener Schnauze für seinen Bereich einsetzen mochte, waren solche Tiere für die Bullenjagd gerade richtig. Solche Beispiele lassen sich in großem Umfang aufzählen. Sie machen uns klar, daß die vielen Hunderassen ihre Entstehung einerseits gewissen Launen der Natur zu verdanken haben, andererseits dem Menschen, der sich diese Launen zunutze gemacht hat. Und zwar fast immer, um daraus für sich selbst einen Nutzen zu ziehen.
Erst in jüngster Zeit tauchte bei der Hundezüchtung ein weiteres Motiv auf: Vierbeiner als Modetier. Und wir können nur hoffen, daß sich dieses launische Motiv nicht zum Schaden auswirkt für unser liebstes Haustier.

Nordlandhunde

Finnenspitz

Finnenspitz FCI-Nr. 49 Finnland

Höhe und Gewicht: 38–48 cm, Gewicht o. A.

Körperform: Spitzähnlich, aber schlanker. Stirn und Kopf leicht gerundet, mit deutlichem Stop. Nase schwarz, Augen dunkel und mittelgroß. Die spitzen, beweglichen Ohren werden aufrecht getragen. Rücken kurz, Bauch aufgezogen. Feste, gerade Läufe mit runden Pfoten. Die buschige Ringelrute wird seitlich über dem Rücken am Oberschenkel angelegt.

Farbe und Haar: Dunkel- oder Fuchsrot. Deckhaar am Kopf und an den Läufen kurz, am Körper ziemlich lang, nicht ganz anliegend, weiche Unterwolle.

Abstammung: Kein ganz reiner Schlittenhund, sondern – vor langer Zeit – mit Jagdhundblut vermischt. Wird als finnischer Nationalhund seit Jahrhunderten geschätzt und rein gezüchtet.

Eigenschaften: Lebhafter, liebenswürdiger und anspruchsloser Haus- und Wachhund, harter und vielseitiger Jagdhund für die Birkwildjagd.

Haltung: Kein Stadthund, da nur bei reichlichem Auslauf gut zu halten.

Chow Chow

Chow Chow FCI-Nr. 205 China/England

Höhe und Gewicht: 45–60 cm, 18–23 kg.

Körperform: Sieht aus wie ein mürrischer Bär. Kopf breit, flach und stumpf, mit geringem Stop. Einzigartig in der Hundewelt: die blauschwarze Zunge. Nase schwarz, Augen klein, dunkel und mandelförmig. Ohren klein und dick, mit abgerundeten Spitzen, aufrecht getragen. Rücken breit und kräftig, breite Brust. Der typisch stelzende Gang wird durch die sogenannte „doppelt gebrochene Hinterhand“ hervorgerufen. Kleine Katzenpfoten. Die buschige Rute wird über dem Rücken gerollt getragen.

Farbe und Haar: Einfarbig Rot, Schwarz, Blau, zimtfarben, cremefarben oder Weiß. Das üppige, mittellange Deckhaar steht gerade ab, die Unterwolle ist dicht und weich.

Abstammung: Seine Vorfahren waren nordische Hunde, die vor über zweitausend Jahren nach China kamen. Dort wurde er als Pelz- und Fleischlieferant gehalten. Die Einstellung seiner Herren wandelte sich im Laufe der Jahrhunderte sehr: Mal war der Chow ein verachteter Straßenköter, mal war er kaiserlicher Hofhund, der sein Leben lang auf kostbaren Teppichen liegen durfte.

Eigenschaften: Ruhig, freiheitsliebend und selbstbewußt bis zur Eigenbrötelei. Selten für Spiel und Zärtlichkeiten zu haben und für Dressurübungen ziemlich ungeeignet. Typischer Einmannhund, der im Menschen einen „Oberhund“ haben muß.

Haltung: Stiller, wachsamer Haushund, den man nur ganz jung erwerben sollte, wenn man einen guten Kontakt zum Tier aufbauen möchte.

Nordlandhunde

Samojedenspitz

Samojedenspitz FCI-Nr. 212 Nordamerika
Höhe und Gewicht: Rüde mindestens 52,5 cm, Hündin 45,5 cm, Gewicht 17–30 kg.
Körperform: Spitzähnlich, aber kräftiger. Kopf mächtig, keilförmig, mit breitem, flachem Hirnschädel. Nase schwarz, braun oder fleischfarben, Augen dunkel, mandelförmig schräggestellt; dadurch bekommt der Hund einen sehr freundlichen, fast lächelnden Ausdruck. Kleine, dreieckige Ohren. Körper so lang wie hoch, Läufe gerade und kräftig. Dicke Ballen an den starken Pfoten.
Farbe und Haar: Reinweiß. Langes, schlichtes Deckhaar am Körper, kurzes Haar an den Läufen. Reichliche Unterwolle.
Abstammung: Wie alle Nordlandhunde mit starkem Wolfseinschlag. Eng verwandt mit den russischen Laiki-Rassen.
Eigenschaften: Ein zuverlässiger, arbeitsfreudiger Hund, selbständig, doch gehorsam, sanft, anschmiegsam, aber sehr wachsam. Seinem Herrn in kameradschaftlicher Treue ergeben.
Haltung: Allround-Hund für Haus und Hof, für die Stadt nicht geeignet.

Karelischer Bärenhund

Karelischer Bärenhund FCI-Nr. 48 Finnland
Höhe und Gewicht: 49–60 cm, Gewicht o. A.
Körperform: Spitzähnlich, aber schlanker. Kopf hat die Form eines stumpfen Keils mit ziemlich breiter, etwas gewölbter Stirn. Nase schwarz, Augen dunkelbraun, klein, doch mit feurigem Ausdruck. Mittelgroße, aufrechte Ohren, nicht zu spitz und etwas nach außen geneigt. Rücken kräftig und leicht abfallend. Kräftige, gerade Läufe mit dicken, runden Pfoten. Die Pfoten der Hinterhand sind etwas länger und flacher als die der Vorderhand. Die buschige Ringelrute wird in möglichst geschlossenem Kreis geringelt über dem Rücken getragen.
Farbe und Haar: Schwarz mit weißen Abzeichen an Kopf, Hals, Brust, Bauch und Läufen. Mittellanges, steifes Deckhaar, weiche Unterwolle.
Abstammung: Sicher ist nur, daß trotz der Ähnlichkeit keinerlei Verwandtschaft zu den Spitzen besteht. Doch dürfte auch die bei Nordlandhunden häufige Einkreuzung von Wolfsblut beim Karelischen Bärenhund sehr weit zurückliegen.
Eigenschaften: Feuriger Jagdhund, mutig bis zur Kühnheit. Außerordentlich feine Nase und starke Kampfes- und Rauflust; doch Herrn und Hof treu ergeben und sehr wachsam.
Haltung: Mehr Jagd- und Wachhund als Haushund, der sich mit anderen Hunden nicht verträgt.

Nordlandhunde

Siberian Husky

Siberian Husky FCI-Nr. 270 Nordamerika

Höhe und Gewicht: 51–59 cm, 16–27 kg.

Körperbau: Insgesamt etwas kleiner und nicht so massig wie der nahe verwandte Malamute. Kopf leicht gerundet, nur mäßig breit zwischen den Ohren. Schnauze keilförmig, aber nicht zugespitzt. Nase vorwiegend schwarz, kann aber auch leber- oder fleischfarben sein. Augen mandelförmig, leicht schräg eingesetzt, blau oder braun. Ohren mittelgroß, dreieckig, aufrecht und leicht gerundet. Gerader, mittellanger Rücken, tiefe, aber nicht sehr breite Brust. Läufe gerade, kräftig, mit ovalen Pfoten. Rute reich behaart und sichelförmig über den Rücken gelegt, aber nicht geringelt.

Farbe und Haar: Alle Abstufungen von Schwarz über Grau bis Weiß zugelassen, auffallende Abzeichen am Kopf. Deckhaar gerade, weich anliegend, Unterwolle dicht und wollig.

Abstammung: Entspricht der des Malamute. Die Rassen entwickelten sich jedoch in begrenzten Gebieten mit kleinen Unterschieden; den Namen erhielten sie nach den Volksstämmen, die sie züchteten und hielten.

Eigenschaften: Ausdauernd, wachsam, zuverlässig, freundlich, friedlicher als der Malamute, deshalb auch leichter als Haushund zu halten.

Haltung: Haus- und Familienhund, der jedoch Auslauf und Bewegung braucht; auch heute noch als Schlittenhund verwendet.

Alaskan Malamute

Alaskan Malamute FCI-Nr. 243 Nordamerika

Höhe und Gewicht: 60–68 cm, 30–38 kg.

Körperform: Wolfsähnlicher Schlittenhund. Keilförmiger Kopf, sehr breit zwischen den Ohren, spitzer Fang. Nase schwarz, Augen braun, Ohren dreieckig und steil aufgerichtet. Sehr fester, kompakter Hals. Kräftiger, mittellanger Rücken, volle Brust und kaum aufgezogener Bauch. Läufe sehr starkknochig, mit großen Pfoten. Die Fahnenrute wird über dem Rükken gerollt getragen.

Farbe und Haar: Helles Grau bis Schwarz, immer mit maskenartigem, weißem Abzeichen im Gesicht. Sehr dichtes, abstehendes Deckhaar und wolliges Unterhaar.

Abstammung: Die Vorfahren des Malamute sind waschechte Eskimo- oder Polarhunde, bei denen man nie so recht weiß, wieviel Wolfsblut noch in ihnen steckt. Denn die halbwild gehaltenen Schlittenhunde haben reichlich Gelegenheit, sich mit Wölfen zu paaren – und tun es auch. Seit einiger Zeit wird der Malamute in Nordamerika zunehmend als Haus- und Wachhund gehalten, was sich natürlich auch auf sein Wesen ausgewirkt hat: die unbändige Wolfsnatur ist ruhiger und gutmütiger geworden.

Eigenschaften: Wachsam, ausdauernd, kraftvoll und absolut wetterfest. Im Haus gutmütig, ruhig und verträglich, anderen Hunden gegenüber aber oft recht angriffslustig.

Haltung: Haus- und Familienhund, der viel Auslauf braucht und nicht ständig in geheizten Räumen leben sollte.

Jagdhunde (Vorstehhunde)

Deutsch Stichelhaar

Deutsch Stichelhaar FCI-Nr. 232 Deutschland
Höhe und Gewicht: 58–66 cm, um 30 kg.
Körperbau: Vorstehhund. Kopf mittelgroß mit eher quadratischem Fang. Nase breit, dunkel- oder hellbraun, Augen oval, braun. Behänge mittellang, nicht zu breit, dicht am Kopf anliegend. Rücken kräftig und breit, Brust mäßig tief und breit, Bauch etwas aufgezogen. Läufe kräftig, mit runden Pfoten und derben Ballen. Rute nicht zu kurz kupiert.
Farbe und Haar: Braun und Weiß, Graubraun meliert mit und ohne dunkle Platten. Das borstenartige Haar ist straff und hart; Bart und buschige Augenbrauen erwünscht.
Abstammung: Wie der Deutsch Drahthaar eine sehr alte Vorstehhundrasse mit vielseitiger Begabung. Typischer Begleiter für den deutschen Jäger, der sich nicht für jede Jagdsparte eine eigene Hunderasse halten kann – wie zum Beispiel sein englischer Kollege.
Eigenschaften: Zuverlässiger, wetterharter und ausdauernder Apportier- und Vorstehhund mit ausgezeichneter Nase. Bei allem Temperament gehorcht er bedingungslos auf das Wort.
Haltung: Gehört nur in Jägerhand.

Deutsch Drahthaar

Deutsch Drahthaar FCI-Nr. 98 Deutschland
Höhe und Gewicht: 56–67 cm, um 30 kg.
Körperform: Vorstehhund. Kopf mäßig lang mit breitem, kräftigem Fang. Nase breit, Augen klar, Behänge mittellang und groß. Scherengebiß. Kurzer Rücken, Brust tief und breit, Bauch leicht aufgezogen. Läufe muskulös, von vorn und hinten gesehen senkrecht stehend. Pfoten rund mit derben Ballen. Rute kupiert, waagrecht getragen.
Farbe und Haar: Braun mit Abzeichen oder Braun getigert. Das mittellange Haar ist hart, drahtig und anliegend; am Fang ein kleiner Schnauzbart, über den Augen kräftige Augenbrauen.
Abstammung: Das Vorstehen ist ein Verhalten, das eigentlich allen Hunden angeboren ist. Es diente den im Rudel jagenden Tieren als Verständigungsmittel untereinander. Dabei bleibt der Hund, der ein Wild entdeckt hat, reglos stehen, meist mit erhobener Vorderpfote. Erst auf ein Zeichen seiner „Mitjäger", ob Mensch oder Hund, scheucht er das Wild aus dem Versteck. Der praktische Sinn des Vorstehens wurde erst ziemlich spät erkannt. Die Griechen und Römer der Antike werteten es gar als Fehler. Später wurde das Verhalten durch sorgfältige Zuchtwahl noch verstärkt. Doch muß jeder junge Vorstehhund außerdem eine sorgfältige Ausbildung erhalten, damit er so sicher und fest vorsteht, wie es für die Zusammenarbeit mit dem Jäger notwendig ist.
Eigenschaften: Zuverlässiger, draufgängerischer Jagdhund in allen Sparten, außer bei der Erdjagd. Vergißt nie, was er einmal gelernt hat, doch lernt er nie, sich wie ein sittsamer Haushund zu benehmen.
Haltung: Gehört nur in Jägerhand und eher in einen Zwinger als ins Haus.

Deutsch
Kurzhaar

Deutsch Kurzhaar FCI-Nr. 119 Deutschland

Höhe und Gewicht: 58–64 cm, um 30 kg.

Körperform: Eleganter Vorstehhund. Nicht zu leichter, mäßig breiter Kopf mit Ramsnase. Langer, doch nie spitzer Fang und Scherengebiß. Breite, große Nase, stets braun, ebenso braune Augen. Mäßig lange Behänge, die unten stumpf abgerundet sind. Rücken kurz, gerade und kräftig, Brust sehr tief, oval, leicht aufgezogener Bauch. Läufe mit kräftigen Knochen und runden bis löffelförmigen Pfoten. Rute zur Hälfte kupiert und waagrecht getragen.

Farbe und Haar: Einfarbig Braun, Braun mit Abzeichen, Braunschimmel, Weiß mit braunen Platten oder Flecken, auch Schwarz. Das anliegende Haar ist derb, kurz und dicht.

Abstammung: Typischer Vorstehhund, der allerdings früher etwas massiger als heute war. Den heutigen, eleganteren Körperbau erhielt der Deutsch Kurzhaar durch Einkreuzen von einem anderen Vorstehhund, dem Pointer. Die Mischung tat seinen jagdlichen Qualitäten keinen Abbruch, machte ihn aber anpassungsfähiger – zum Beispiel an das Leben als Haus- und Begleithund.

Eigenschaften: Vielseitiger Jagdhund mit Temperament und Schärfe, zuverlässig und ausdauernd.

Haltung: Ausgezeichneter Jagdhund, aber auch angenehmer Haus- und Begleithund.

Deutsch
Langhaar

Deutsch Langhaar FCI-Nr. 117 Deutschland

Höhe und Gewicht: 58–62 cm, ca. 26–28 kg.

Körperbau: Setterähnlicher Vorstehhund. Langgestreckter, ziemlich breiter Kopf mit sehr langem Fang. Nase braun, Nasenrücken nicht zu schmal, Augen braun. Breite Behänge, unten abgerundet, gut behaart. Rücken kompakt und kurz, Brust tief, Bauch leicht aufgezogen. Rücken und Läufe bilden annähernd ein Quadrat. Rute wenig kupiert und mit guter Fahne, waagrecht oder aufwärts getragen.

Farbe und Haar: Braun oder Braun-Weiß. Haar um 5 cm lang, an einigen Stellen auch länger.

Abstammung: Trotz der Ähnlichkeit mit einem Setter besteht keine Verwandtschaft. Vielmehr wurde die Rasse von alters her rein erhalten, wobei mehr Wert auf willige Wasserarbeit gelegt wurde als bei den anderen deutschen Vorstehhunden.

Eigenschaften: Zuverlässiger, ausdauernder und harter Vorsteh-, Stöber- und Apportierhund. Seine besondere Leidenschaft gilt dem Stöbern in Bruch, Moor und Schilf. Sehr dressurfähig, doch wird er leicht mannscharf.

Haltung: Gehört nur in Jägerhand.

Großer Münsterländer

Großer Münsterländer FCI-Nr. 118 Deutschland
Höhe und Gewicht: 58–65 cm, Gewicht o. A.
Körperform: Langhaariger Vorstehhund. Langgestreckter Kopf mit nicht zu spitzem Fang. Nasenrücken gerade, Nase schwarz, Augen dunkel. Behänge breit, anliegend und unten abgerundet, mit Fransen. Muskulöser Rücken, etwas abfallend, Brust breit und tief, Bauch leicht aufgezogen. Kräftige Läufe mit geschlossenen, kompakten Pfoten. Rute gestreckt und meist leicht aufwärts getragen, gute Fahne.
Farbe und Haar: Weiß mit großen schwarzen Platten oder Tupfen am Körper, Schwarzschimmel. Langes, dichtes, anliegendes, leicht gewelltes Haar.
Abstammung: Alte, vielseitig begabte Vorstehhundrasse, die ursprünglich nur in Niedersachsen gezüchtet wurde. Die Eigenschaften des Großen Münsterländers sind speziell auf diese Landschaft zugeschnitten: auf die Jagd in Gebüsch, Bruch, Moor und Wald.
Eigenschaften: Ausgezeichneter Stöberhund für Buschwerk und Moor (kennt keine Scheu vor Wasser), doch auch bei der Waldjagd nach dem Schuß zu verwenden.
Haltung: Als Haushund zu schade; braucht ein Betätigungsfeld für seine erstklassigen Eigenschaften an der Seite des Jägers.

Kleiner Münsterländer

Kleiner Münsterländer (Heidewachtel) FCI-Nr. 102 Deutschland
Höhe und Gewicht: 48–56 cm, Gewicht o. A.
Körperform: Kleinster deutscher Vorstehhund. Leicht gewölbter, nicht breiter Kopf mit langgezogenem Fang. Nase braun, Augen dunkel und mandelförmig. Behänge hoch und breit angesetzt, unten spitz zulaufend, lang befedert. Rücken mittellang, kräftig und fest, Brust tief, Bauch leicht aufgezogen. Kräftige Läufe, an der Rückseite befedert. Rute lang befedert und mit leichtem Schwung aufwärts getragen.
Farbe und Haar: Zum Unterschied vom Großen Münsterländer Weiß mit Braun oder auch Braunschimmel. Mittellanges, leicht gewelltes Haar mit dichter Unterwolle.
Abstammung: Ebenfalls ein niedersächsischer Vorstehhund. Der Unterschied zum „großen Bruder" besteht nicht nur in der Haarfarbe, sondern auch in der Veranlagung. Dem Wesen nach kann er genausoviel, doch ist er nicht so kräftig und daher für „leichtere" Reviere geeigneter als der Große Münsterländer. Der Name „Heidewachtel" wurde vom Bruder Hermann Löns' aufgebracht – und sollte nie mit dem „Wachtelhund" verwechselt werden, der ein reiner Stöberhund ist.
Eigenschaften: Fährtensicherer, apportierfreudiger Vorstehhund für Wald- und Wasserjagd. Dabei ausdauernd, anpassungsfähig, gelehrig und wachsam.
Haltung: Dieser Alleskönner eignet sich sowohl zum Mitarbeiter des Waidmanns als auch zum Haus-, Wach- und Begleithund.

Ähnlich: Der holländische *Drentse Patrijshond,* der insgesamt jedoch etwas schwerer und kompakter ist.

Jagdhunde (Vorstehhunde)

Weimaraner

Weimaraner FCI-Nr. 99 Deutschland

Höhe und Gewicht: 57–70 cm, Gewicht o. A.

Körperform: Großer, kurzhaariger Jagdhund. Wohlproportionierter, ausgesprochen trockener Kopf mit ganz geringem Stop. Langer Fang, Lefzen leicht überfallend, Nase dunkelfleischfarben bis braun, Augen bernsteinfarben. Behänge breit, lang, hoch angesetzt. Rücken kräftig, mäßig lang, Brust oval, Bauch nur wenig aufgezogen. Läufe sehnig und gut bemuskelt, geschlossene Pfoten. Die kräftige Rute ist kupiert.

Farbe und Haar: Silber, rehfarben oder mausgrau mit dunklem Aalstrich über dem Rücken. Meistens kurzes, dichtes, feines Haar, gelegentlich auch derb und stockhaarig; eine langhaarige Form ist selten.

Abstammung: Eine Vorstehhund-Rasse, die wahrscheinlich noch älter ist als die anderen Vorstehhunde, wie Deutsch Kurzhaar. Ihre hervorragenden Qualitäten als Jagdhund sind leider immer weniger gefragt, so daß die Rasse als Gebrauchshund keine großen Chancen hat. Doch hat der Weimaraner inzwischen bewiesen, daß er auch das Zeug zum eleganten Gesellschaftshund hat.

Eigenschaften: Apportier- und Vorstehhund, sehr spur- und fährtensicher, gute Leistungen bei der Wasserarbeit und beim Verlorenbringen, wird aber leicht mannscharf.

Haltung: Wird in Deutschland nur als Gebrauchshund in Jägerhand gehalten, ist in den USA nach dem Kriege als Begleithund immer beliebter geworden.

Magyar Vizsla

Magyar Vizsla FCI-Nr. 57 Ungarn

Höhe und Gewicht: 57–64 cm, Gewicht o. A.

Körperform: Kurzhaariger, nicht zu schwerer Jagdhund. Kopf mäßig breit, schmaler, vorne leicht abgestumpfter Fang, angedeuteter Stop. Nase braun, Augen hell- bis mittelbraun, auf keinen Fall dunkel. Tief angesetzte, lappige, unten gerundete und hängend getragene Ohren. Rücken gerade, ziemlich kurz, aber recht kräftig, Brust tief reichend, geräumig, Bauch leicht aufgezogen. Sehnige, kräftige und recht lange Läufe, Vorderläufe ganz gerade, Hinterläufe nur mäßig gewinkelt. Kleine runde Pfoten. Rute auf $^{2}/_{3}$ kupiert.

Farbe und Haar: Dunkles Gelbbraun. Haar kurz, fest, gerade, eng am Körper anliegend und mit schönem Glanz.

Abstammung: Aus ungarischen Bracken (also Laufhunden) und deutschen Vorstehhunden entstand diese Rasse. Wegen ihrer ausgezeichneten Jagdhundeeigenschaften sind diese Hunde nicht nur in Ungarn, sondern auch zunehmend bei uns beliebt.

Eigenschaften: Schneller, aber ruhiger Jagdhund, der bei der Suche, beim Vorstehen und beim Apportieren sehr geschätzt ist.

Haltung: Ein vielseitiger Jagdhund, der nur von einem Jäger mit entsprechendem Arbeitsgebiet gehalten werden sollte.

Jagdhunde (Vorstehhunde)

Pointer

Pointer FCI-Nr. 1 England

Höhe und Gewicht: 57–63 cm, Gewicht o. A.

Körperform: Kurzhaariger Vorstehhund. Kopf mäßig breit, gestreckt mit starkem Fang und ausgeprägtem Stop. Nase weich, weit geöffnet, in der Farbe zur Fellfarbe passend, Augen dunkel. Behänge mäßig lang, fein, flach an den Backen herabhängend. Rücken kräftig und leicht abfallend, Brust tief, nicht sehr breit. Läufe etwas kürzer als der Rumpf lang ist, kräftig, mit ovalen Knochen. Pfoten oval. Rute lang und unkupiert, waagrecht getragen, in der Bewegung lebhaft hin- und hergeschlagen.

Farbe und Haar: Weiße Grundfarbe mit Platten und Tupfen in Schwarz, Braun, Orange, Gelb, auch ein- oder dreifarbig. Kurzes, dünnes Haar, hart und glänzend.

Abstammung: Die Rasse entstand aus dem ausgestorbenen Spanischen Pointer und dem englischen Foxhound – also aus einem schweren „Nur-Vorstehhund" und einem leichten, lebhaften Laufhund. Beide Eigenschaften vereint der Pointer aufs beste, er ist sozusagen der Vorstehhund schlechthin. Im Gegensatz zu unseren deutschen Vorstehhunden hat man ihm auch nie andere Jagdfächer „zugemutet", noch nicht einmal das Apportieren des geschossenen Wildes. Er braucht immer andere Jagdhunde als Mitarbeiter, die diese Aufgaben erledigen.

Eigenschaften: Lebhaft, zäh und anspruchslos. Vereint hervorragende Nase mit großer Schnelligkeit. Unerschütterlicher Vorstehhund.

Haltung: Gehört nur in die Hand eines Jägers, der ihm genügend Arbeit bieten kann.

Pudelpointer

Pudelpointer FCI-Nr. 216 Deutschland

Höhe und Gewicht: 54–65 cm, Gewicht o. A.

Körperform: Großer, drahthaariger Vorstehhund. Breiter, nicht zu langer Kopf mit breitem Fang, Bart und buschigen Augenbrauen. Nase breit, Augen groß und gelblich, mit etwas stechendem Ausdruck. Behänge mittelgroß, etwas zugespitzt und flach anliegend. Kurzer, muskulöser Rücken, ovale, tiefe Brust und schmaler, aufgezogener Bauch. Läufe ziemlich hoch und gut bemuskelt, mit runden Pfoten. Rute nicht zu kurz kupiert und gerade getragen.

Farbe und Haar: Braun, Weiß oder Schwarz. Mittellanges, rauhes Deckhaar, dichte Unterwolle; üppige Augenbrauen und dichter Bart.

Abstammung: Wer Pudel und Pointer kennt, muß sich fragen, wie der Pudelpointer zu seinem Namen kam. Wahrscheinlich so: der erste Teil des Namens besagt etwas über die Abstammung von dem alten Jagdpudel (den es heute nicht mehr gibt), der zweite Teil über die Tätigkeit des Hundes. Das Englische „to point" heißt „zeigen", und ein Vorstehhund tut ja wirklich nichts anderes, als seinem Herrn die Anwesenheit eines Wildes anzuzeigen.

Eigenschaften: Gebrauchshund, bei dessen Zucht auf Intelligenz, Jagdpassion, Nasenarbeit, sicheres Vorstehen, Schnelligkeit und Ausdauer besonderen Wert gelegt wurde.

Haltung: Gehört nur in die Hand des Jägers.

Irischer Setter

Irischer Setter FCI-Nr. 120 England

Höhe und Gewicht: 57–67 cm, Gewicht o. A.

Körperform: Großer, langhaariger Vorstehhund. Langer Kopf mit markiertem Stop. Fang langgestreckt, nahezu rechteckig. Nase schwarz, braun oder mahagonifarben, Augen dunkel oder haselnußbraun. Behänge mittelgroß, mit einer Falte am Kopf anliegend. Rücken muskulös, Brust sehr tief und ziemlich schmal. Läufe sehr stark und sehnig, mit kleinen, festen Pfoten. Rute mäßig lang, mit schöner Fahne, abwärts bis waagrecht getragen.

Farbe und Haar: Kastanienbraun mit goldenem Schimmer. Mittellanges, seidiges Haar, glatt anliegend, ohne Wellen, am Kopf ziemlich kurz.

Abstammung: Setter gehören zu den Vorstehhunden; bei ihnen ist jedoch auch „vorsitzen“ oder „vorliegen“ gestattet. Ob der Name „Setter“ allerdings von „sitzen“ kommt, ist fraglich. Setter wurden vermutlich zuerst aus Spaniels gezüchtet und zwar zu einer Zeit, als die Verwendung beider Rassen noch nicht klar unterschieden war.

Eigenschaften: Sanft und unkompliziert, aber lebhaft. Guter Vorstehhund für Feld- und Wasserarbeit. Braucht vor allem in der Jugend viel Bewegungstraining, sonst bleibt er überschmal wie ein Windhund. Und das ist nicht erwünscht.

Haltung: Jagdhund, doch bekannter als Haus-, Begleit- und Luxushund. Benötigt viel Haarpflege und mehr Platz, als eine Etagenwohnung im allgemeinen bieten kann.

Englischer Setter

Englischer Setter FCI-Nr. 2 England

Höhe und Gewicht: 61–68 cm, 25–29,5 kg.

Körperform: Großer, langhaariger Vorstehhund. Langer Kopf mit deutlichem Stop. Fang lang und fast rechteckig. Nase weit geöffnet, schwarz, braun oder leberfarben, je nach Fellfarbe. Augen dunkelgraubraun, mittelgroß. Behänge nicht zu lang, liegen in einer Falte an den Backen an. Rücken kurz, gerade, mit breiten Lenden, Brust tief und breit. Läufe sehr muskulös, mit kräftigen Pfoten. Rute reicht bis zum Sprunggelenk hinab, mit langer, reicher Fahne.

Farbe und Haar: Weiß mit schwarzen, braunen, orangen oder gelben Flekken, selten dreifarbig. Langes, weiches Haar, leicht gewellt.

Abstammung: Gleicher Ursprung wie der Irische Setter, doch ist der Englische Setter in Wesen und Haarfarbe eher dem Pointer ähnlich.

Eigenschaften: Liebevoll und gutmütig, lebhaft und spielfreudig. Passionierter Jagdhund mit guter Nase, apportierwillig und wasserfreudig.

Haltung: Auffallender Haus- und Begleithund mit angenehmem Wesen, wenn seinem Jagdhundcharakter Rechnung getragen wird.

Jagdhunde (Vorstehhunde)

Gordon Setter

Gordon Setter FCI-Nr. 6 England

Höhe und Gewicht: 62–66 cm, 25–29 kg.

Körperform: Großer, langhaariger Vorstehhund. Kopf schmal, mit deutlichem Stop und langem, geradem Fang. Nase breit und schwarz, Augen dunkelbraun. Behänge ziemlich groß und dünn, lang befedert. Rücken muskulös, mäßig lang, Brust tief, doch nicht zu breit, Bauch leicht aufgezogen. Läufe starkknochig und befedert, mit ovalen Pfoten. Rute ziemlich kurz, waagrecht oder säbelförmig getragen, lang behaart.

Farbe und Haar: Tiefschwarz mit braunroten Abzeichen. Mittellanges, seidiges Haar.

Abstammung: Der Gordon Setter hat die gleichen Ahnen wie der Irische Setter. Im Wesen und in der Arbeitsweise unterscheiden sich die beiden Rassen jedoch etwas: Der Gordon ist ruhiger, bedächtiger und geduldiger. Daher läßt er sich auch als Fährtenhund abrichten.

Eigenschaften: Bedächtig, anhänglich und leicht zu erziehen. Spezialist für Feld- und Wasserjagd, sicherer Verlorenbringer, ausdauernd und widerstandsfähig.

Haltung: Sowohl als Jagdhund als auch als Haus- und Luxushund geeignet.

Deutscher Wachtelhund

Deutscher Wachtelhund FCI-Nr. 104 Deutschland

Höhe und Gewicht: 45–54 cm, Gewicht o. A.

Körperform: Mittelgroßer Jagdhund. Kopf leicht gewölbt mit leichtem Stop und mäßig langem, aber nicht spitzem Fang. Nase braun, Augen groß und braun. Behänge flach, dicht hinter den Augen herabhängend, gut behaart. Rücken etwas länger als die Widerristhöhe, kräftig, fast massig, Brust breit und sehr tief. Läufe stramm, mit großen Pfoten, im Fußgelenk leicht durchgedrückt. Rute auf zwei Drittel kupiert, gerade, befedert und leicht abwärts getragen.

Farbe und Haar: Braunschimmel, Brauntiger, einfarbig Braun oder dreifarbig. Mittellanges, kräftiges Haar, gewellt bis gelockt, aber weder fein noch seidig.

Abstammung: Der einzige Stöberhund rein deutscher Abstammung, in der gleichen Jagdsparte tätig wie die englischen Spaniels. Rasse und Arbeitsweise sind recht alt und ursprünglich auf die Zusammenarbeit mit einem Beizvogel „zugeschnitten". Heute ist der Wachtelhund ein Alleskönner im Waldrevier – nur Vorstehen tut er nicht.

Eigenschaften: Mehrzweck-Jagdhund, zuverlässig, lebhaft, hart und wasserfreudig. Selten zu sehen, doch sehr eindrucksvoll, ist seine Zusammenarbeit mit einem Falken bei der Fasanen- und Wachteljagd.

Haltung: Gehört nur in die Hand eines Jägers.

Golden Retriever

Golden Retriever FCI-Nr. 111 England

Höhe und Gewicht: 51–61 cm, 25–31,5 kg.

Körperform: Goldfarbener, setterähnlicher Hund. Breiter Schädel mit ausgeprägtem Stop und breitem, stumpfem Fang. Nase schwarz, Augen mittelgroß und dunkel. Behänge mittelgroß und glatt getragen. Rücken nicht zu lang, mit tiefer Brust. Läufe stark und muskulös, mit runden „Katzenpfoten". Rute sehr gerade und waagrecht getragen.

Farbe und Haar: Gold- bis cremefarben, einzelne weiße Haare an der Brust erlaubt. Dichtes, mittellanges Deckhaar, glatt oder leicht gewellt, wasserabstoßende Unterwolle.

Abstammung: Wesen und Körperbau verraten viel Spaniel- und Setterblut. Doch haben beim Golden Retriever auch manche andere Rassen „mitgemischt", deren Erbe nicht mehr eindeutig auszumachen ist. Ziel war jedoch immer, einen arbeitsfreudigen Apportierhund zu erhalten, der auch im Haus keine unnötigen Schwierigkeiten bereitete.

Eigenschaften: Kräftig, munter, doch nicht unruhig. Zuverlässiger Apportierhund, der freudig auch im Wasser arbeitet. Im Hause anhänglich und freundlich.

Haltung: Jagd- und Haushund, aber kein Stadthund.

Labrador Retriever

Labrador Retriever FCI-Nr. 122 England

Höhe und Gewicht: 54–57 cm, 27–37 kg.

Körperform: Kräftiger, kurzhaariger „Zweckhund". Breiter Kopf mit langem, kräftigem Fang und breiter Nase. Mittelgroße, braune Augen. Nicht zu große, dreieckige Behänge. Starker Rücken mit tiefer, breiter Brust. Läufe mittellang und kräftig. Rute mäßig lang, zur Spitze hin dünner werdend und lustig getragen.

Farbe und Haar: Schwarz, schokoladenfarben, Fuchsrot oder Gelb, ohne weiße Haare. Sehr dichtes, kurzes Haar mit dichter Unterwolle.

Abstammung: Man weiß, woher die Rasse kommt – von der Halbinsel Labrador –, aber man weiß nicht, von welchen Hunden sie abstammt. Auffallend war von Anfang an die unwiderstehliche Apportierlust, gepaart mit unverwüstlicher Ausdauer. Gemäß dem englischen Brauch, für jede Jagdsparte eine eigene Rasse zu halten, wurde der Labrador Retriever vor allem als Apportierhund, zusammen mit anderen Jagdspezialisten, eingesetzt, denn „to retrieve" heißt wiederbringen, zurückbringen.

Eigenschaften: Ein Ausbund an Ausdauer, Kraft, Wasserfreude und Bringlust, mit unbestechlicher Nase. Schier unfehlbar beim Apportieren, selbst in schwierigem Schilfgelände.

Haltung: Gebrauchshund, der ohne entsprechende Aufgaben verkümmert.

Jagdhunde (Spürhunde)

Beagle

Beagle FCI-Nr. 161 England
Höhe und Gewicht: 33–40 cm, Gewicht o. A.
Körperform: Kleiner Jagdhund. Kräftiger, nicht zu langer Kopf mit gewölbtem Schädel, ausgeprägtem Stop und stumpfem Fang. Nasenrücken breit, Nase weit geöffnet und schwarz, Augen dunkel bis haselnußbraun. Behänge lang, fein und mit einer Falte an der Backe anliegend. Rücken kompakt, gerade, Brust gut gewölbt, Bauch nicht aufgezogen. Die kräftigen Läufe sind nicht sehr hoch. Rute kupiert und aufwärts getragen, doch nie geringelt.
Farbe und Haar: Mischung von Schwarz, Lohbraun, Orange und Weiß. Zwei Schläge: dichtes, glattes, nicht zu feines Kurzhaar oder dichtes und drahtiges Rauhhaar.
Abstammung: Wie der Foxhound ein englischer Laufhund, der aber mehr für die Meutejagd auf Hasen gebraucht wurde. Bei der Jagd ist er ebenso spurlaut und fährtensicher wie der Foxhound, aber weniger schnell. In letzter Zeit ist der Beagle immer beliebter geworden als reiner Haus- und Luxushund, worunter seine Qualität als Jagdhund natürlich etwas gelitten hat.
Eigenschaften: Lebhafter Meutehund, spursicher und spurlaut. Als Haushund liebevoll, anhänglich und wachsam, braucht allerdings viel Bewegung. Die Neigung zum Jagen und Bellen verliert er nie.
Haltung: Als Jagdhund sollte er nicht alleine gehalten werden. Als Haushund ist ein einzelner Beagle nur erfreulich, wenn sein Gebell nicht stört.

Foxhound

Foxhound FCI-Nr. 159 England
Höhe und Gewicht: 55–60 cm, 30–40 kg.
Körperform: Kräftiger, mittelgroßer Jagdhund. Der Kopf ist kräftig, doch nicht schwer, lang, doch nicht spitzig. Nase typisch für Fährtensucher, weit und offen, Augen dunkel. Behänge tief angesetzt, ziemlich breit, vorne anliegend, unten gerundet. Rückenlinie sehr gerade und eben, Brust sehr breit. Läufe gerade, sehnig und kräftig, mit runden Pfoten. Rute stets aufwärts getragen, doch nie geringelt.
Farbe und Haar: Meist dreifarbig Schwarz-Weiß-Loh, selten zwei- oder einfarbig. Haar fest, glänzend, sehr kurz.
Abstammung: Der Foxhound gehört zur vielgestaltigen Familie der Laufhunde, die meist in großen Meuten lebten und jagten. Sobald sie eine Fährte aufgenommen hatten, scheuchten sie das Wild – zum Beispiel den Fuchs – mit lautem Gebell aus dem schützenden Dickicht genau vor die Flinte des wartenden Jägers. Heute werden sie fast ausschließlich von Schleppjagdvereinen gehalten, denen es nicht mehr um die Erlegung eines echten Fuchses geht. Vielmehr wird die Fährte mit einem toten Fuchsschwanz gelegt, und Hunde und Reiter folgen ihr in wilder Parforcejagd über Stock und Stein.
Eigenschaften: Ausdauernder Läufer mit empfindlicher Nase. Als Meutehund sehr verträglich, doch trotzdem mit recht individuellen Charakterzügen.
Haltung: Kein Haushund, obwohl er stets einzeln aufgezogen wird und erst später der Meute zugesellt wird.
Die Abbildung rechts zeigt recht eindrucksvoll, daß der Foxhound sich mit Vorliebe in der Meute aufhält.

Schweizer Niederlaufhund

Schweizer Niederlaufhunde FCI-Nr. 60 Schweiz

Höhe und Gewicht: 30–38 cm, Gewicht o. A.

Körperform: Sieht aus wie eine Mischung zwischen Dackel und Basset. Mittelgroßer, langgestreckter Kopf mit ziemlich flachem Schädel und leichtem Stop. Fang mäßig lang, vorne nicht zu spitz, Augen groß und dunkel. Behänge lang, lappig, in einer Falte herabhängend. Rumpf mit den typischen Proportionen der Laufhunde: Rücken nicht zu lang, aber sehr kräftig und muskulös, Brust tief, Bauch etwas aufgezogen, Läufe verhältnismäßig kurz, aber keinesfalls krumm, mit kurzen Pfoten. Rute je nach Stimmung abwärts oder leicht nach oben getragen, mäßig lang.

Farbe und Haar: Es gibt vier verschiedene Schläge, die nach der Farbe unterschieden werden: *Schwyzer Niederlaufhund:* rotscheckig; *Berner Niederlaufhund:* schwarzscheckig; *Luzerner Niederlaufhund:* blau gesprenkelt; *Jura-Niederlaufhund:* gelb- oder rotbraun oder schwarz mit gelbroten Abzeichen. Haar kurz und glatt oder stockhaarig.

Abstammung: Die Schweizer Niederlaufhunde wurden aus den Schweizer Laufhunden gezüchtet, und zwar als Spezialisten für die Jagd im kleineren Revier. Die äußere Ähnlichkeit mit Dackel und Basset ist nicht auf eine Verwandtschaft im Sinne von Einkreuzung zurückzuführen, sondern auf die allgemeine Verwandtschaft aller Bracken oder Laufhunde untereinander. Außerdem sind die niederläufigen Bracken alle einem ähnlichen Zuchtziel entsprungen.

Eigenschaften: Alle notwendigen Leistungen für die Jagd auf Reh, Hase und Fuchs im kleineren Revier.

Haltung: Gehört nur in die Hand des Jägers.

Schweizer Laufhund

Schweizer Laufhunde FCI-Nr. 59 Schweiz

Höhe und Gewicht: Mindestens 40 cm bis ca. 50 cm, Gewicht o. A.

Körperform: Dem Beagle ähnlich. Kopf lang und schmal, mit angedeutetem Stop. Fang langgestreckt, vorne stumpf, Nase schwarz, Augen dunkel. Behänge schmal angesetzt, sehr lang und lappig in einer Falte herabhängend, unten gerundet. Rücken nicht zu kurz, Brust tief, aber schmal. Bauch leicht aufgezogen. Läufe lang, sehnig, kräftig, Pfoten rund mit derben Sohlen. Mittellange Rute, die je nach Stimmung aufwärts oder abwärts getragen wird, aber nie geringelt ist.

Farbe und Haar: Schwyzer Laufhund, Berner Laufhund, Jura-Laufhund, Luzerner Laufhund, die in den Farben den jeweiligen Niederlaufhunden gleichen. Haar stets kurz, glatt, hart, sehr selten kommt eine rauhhaarige Version vor.

Abstammung: Die Schweizer Laufhunde unterscheiden sich von ihren englischen und französischen Verwandten hauptsächlich dadurch, daß sie nie für die hochherrschaftlichen Treibjagden zu Pferde verwendet wurden. Dazu fehlte in ihrer Heimat der landschaftliche und gesellschaftliche Hintergrund. Anders ausgedrückt: diese Hunde mußten nicht nur hervorragende Allround-Jagdhunde sein, sie mußten auch mit den besonderen Schwierigkeiten der weitläufigen, unzugänglichen Reviere fertigwerden.

Eigenschaften: Ausdauernder, feinnasiger und fährtensicherer Jagdhund. Als Haushund anschmiegsam und weich, bellt jedoch gerne.

Haltung: Als Jagd- und Haushund braucht er eine kundige Erziehung, sonst neigt er zu zügellosem Wildern.

Dachsbracke

Dachsbracke Deutschland/Österreich
Höhe und Gewicht: Westfälische Dachsbracke (FCI-Nr. 100, Abb. oben) 30–35 cm, *Alpenländisch-Erzgebirgische Dachsbracke* (FCI-Nr. 254) 34–42 cm, Gewicht o. A.
Körperform: Mittelgroßer Jagdhund, etwas hochbeiniger als ein Dackel. Schmaler, langgestreckter Kopf mit etwas breiterer Stirn und nicht zu spitzem Fang. Nasenrücken leicht gewölbt, helle Nasenkuppe, Augen braun. Behänge lang, lappig, breit, unten abgerundet, tief angesetzt. Rücken mäßig lang, gerade oder leicht gewölbt. Brust tief, schmal, Bauch leicht aufgezogen. Läufe kräftig, vollkommen gerade, verhältnismäßig kurz (ca. $^2/_3$ der Rückenlänge), Pfoten rund und derb. Rute mittellang, hängend und etwas gebogen getragen.
Farbe und Haar: Westfälische Dachsbracke in allen Brackenfarben mit Weiß, Alpenländisch-Erzgebirgische Dachsbracke Hirschrot, Schwarz mit roten oder rotgelben Abzeichen. Haar dicht und grob, ziemlich kurz.
Abstammung: Es ist unklar, ob die Dachsbracken eine Übergangsform zum Dackel darstellen oder aus einer Kreuzung mit ihm stammen. Jedenfalls sind sie einerseits vielseitiger als die Dachshunde und andererseits spezialisierter auf schwieriges Gelände, zum Beispiel bei der Jagd im Gebirge.
Eigenschaften: Jagdlustige, laute Laufhunde, die vorwiegend im kleinen Revier eingesetzt werden.
Haltung: Nur in der Hand eines Jägers möglich, meist in der Meute.

Deutsche Bracke

Deutsche Bracke FCI-Nr. 254 Deutschland
Höhe und Gewicht: ca. 35–45 cm, Gewicht o. A.
Körperform: Dem Beagle ähnlich. Langgestreckter Kopf mit leicht gewölbtem Schädel und geringem Stop und etwas überfallenden Lippen. Nase mit hellem Streifen über der Mitte. Augen hellbraun. Behänge sehr lang, lappig, breit und anliegend. Rücken leicht gewölbt, Brust schmal und tief. Läufe mäßig lang, feinknochig und sehnig mit derben, länglichen Pfoten. Rute lang und dick, hängend oder in leichtem Bogen nach oben getragen.
Farbe und Haar: Rot bis Gelb mit schwarzem Sattel und weißen Abzeichen. Haar fest, hart, dicht und ziemlich kurz.
Abstammung: Aus der ausgestorbenen Keltenbracke entstanden regional geringfügig unterschiedliche Bracken-Schläge, die nach dem Krieg unter dem Begriff „Deutsche Bracke“ vereint wurden und jetzt nicht mehr nach Farben unterschieden werden. Die Bracken eignen sich sowohl zur typischen Brackenjagd, also zur Treibjagd mit einer Hundemeute, als auch zur Jagd des einzelnen Jägers mit einem einzelnen Hund.
Eigenschaften: Passionierter, laut jagender Spür- und Treibhund ohne jede Veranlagung zum Haushund.
Haltung: Gehört nur in die Hand des Jägers.

Bayerischer Gebirgs-schweißhund

Bayerischer Gebirgsschweißhund FCI-Nr. 217 Deutschland
Höhe und Gewicht: 45–50 cm, Gewicht o. A.
Körperform: Mittelgroße Bracke. Kopf ziemlich breit, aber nicht massig, mit leichtem Stop, verhältnismäßig kurzem, kräftigem Fang und überfallenden Lefzen. Nase schwarz oder dunkelrot, Augen dunkel- oder hellbraun. Behänge hoch am Schädel angesetzt, ziemlich lang und schwer, unten abgerundet. Rücken muskulös, kräftig, ziemlich lang, Brust tief und schmal, Bauch leicht aufgezogen. Läufe mit starken Knochen und Muskeln; sie dürfen aber nicht plump wirken. Pfoten rund und geschlossen. Lange, dünne Rute.
Farbe und Haar: Alle Schattierungen von Rot, Braun und Gelb. Haar sehr kurz, dicht, matt und rauh.
Abstammung: „Schweißhunde" sind besonders spezialisierte Bracken. Ihre Aufgabe ist es, der Blutspur (Schweiß) des angeschossenen Wildes zu folgen und den Jäger zu ihm zu führen. Neben einer außerordentlich feinen Nase brauchen sie eine gründliche Ausbildung an der langen „Schweißleine". Der Gebirgsschweißhund entstand aus einer Mischung von schweren Flachlandbracken und leichten, widerstandsfähigen Gebirgsbracken.
Eigenschaften: Hochspezialisierter, harter und ausdauernder Schweißhund für die Jagd im Hochgebirge. Keinerlei Veranlagung zum Haus- und Familienhund.
Haltung: Gehört nur in die Hand des Jägers.

Hannoverscher Schweißhund

Hannoverscher Schweißhund FCI-Nr. 213
Höhe und Gewicht: 48–55 cm, Gewicht o. A.
Körperform: Mittelgroße Bracke. Kräftiger Kopf, starker, nicht zu langer Fang, breit überfallende Lefzen und leicht faltige Stirn. Nase schwarz oder braun, Augen dunkelbraun. Behänge nicht zu lang, aber sehr breit, glatt herabhängend. Rücken lang, stark und gut bemuskelt, Brust lang, tief, nicht allzu breit, Bauch kaum aufgezogen. Läufe gut bemuskelt, nicht sehr hoch, gerade stehend, Pfoten derb, groß und rund. Die lange, allmählich dünner werdende Rute wird meist hängend getragen.
Farbe und Haar: Alle Schattierungen von Rot, auch gestromt und mit dunkler Maske. Kurzes, dichtes, derbes, matt glänzendes Haar.
Abstammung: Wurde aus der Keltenbracke als Spezialist für die Hirschjagd gezüchtet. Seine besonderen Spür-Fähigkeiten wurden von Anlage und Ausbildung her so sorgfältig kultiviert, daß ein Hannoveraner auch solche Spuren noch findet, die mehrere Tage alt sind und von Jägern und anderen Hunden zertrampelt wurden.
Eigenschaften: Ausgesprochener „Geruchskünstler".
Haltung: Gehört nur in die Hand des Jägers mit Rotwildrevier.

Jagdhunde

Bloodhound

Bloodhound FCI-Nr. 84 England/Belgien

Höhe und Gewicht: 60–67 cm, 40–48 kg.

Körperform: Großer, kräftiger und kompakter Jagdhund. Großer, doch verhältnismäßig schmaler Kopf mit extrem starkem Hinterhauptbein. Viele Falten an Stirn und Backen, Lefzen stark überfallend. Nase stets schwarz, Augen dunkelbraun, unteres Augenlid hängend. Behänge länger als der Kopf, sehr dünn und lappig, in Falten herabhängend. Rücken kräftig, breit und gerade, breite, tiefe Brust. Läufe lang und gut bemuskelt, mit kräftigen Pfoten. Die lange Rute läuft spitz zu und wird meist hängend getragen.

Farbe und Haar: Schwarz und Braunrot oder einfarbig Braunrot. Kurzes, festes, am Kopf feines Haar.

Abstammung: Uralte Laufhundrasse, die vor allem in Frankreich und Belgien bekannt war und gezüchtet wurde, allerdings damals unter dem Namen *St. Hubertus-Hund* nach einem Kloster in den Ardennen. Im 19. Jahrhundert verschwand diese Rasse nahezu. Aus einigen Hunden, die nach England gekommen waren, wurden jedoch Nachkommen gezüchtet, die als „Bloodhounds“ bekannt wurden. In jüngster Zeit werden in Belgien wieder Versuche unternommen, die St. Hubertus-Hunde nachzuzüchten. Ihr Standard gleicht dem der Bloodhounds, sie werden aber nur in Schwarz mit braunroten Abzeichen gewünscht.

Eigenschaften: Sanftmütig, anpassungsfähig und klug. Ein hervorragender Jagdhund und angenehmer Haushund. Zum Wachhund allerdings nicht geeignet, da es ihm an Schärfe fehlt.

Haltung: Entsprechend seinen Eigenschaften kann er verschieden gehalten werden; sein Bewegungsbedürfnis ist gering.

Dalmatiner

Dalmatiner FCI-Nr. 153 Jugoslawien

Höhe und Gewicht: 50–60 cm, 25–30 kg.

Körperform: Eleganter, weißer Hund mit charakteristischen braunen oder schwarzen Flecken. Kopf gut proportioniert, nicht zu breit, mit leichtem Stop und langem, kräftigem Fang. Nase schwarz oder braun, Augenfarbe immer heller als die Flecken im Fell. Behänge am Ansatz breit, allmählich nach unten abgerundet, fein und anliegend. Rücken kräftig und muskulös, Brust schmal, aber sehr tief und geräumig. Läufe kräftig und sehr beweglich, mit runden Pfoten und schwarzen, braunen oder weißen Krallen. Die kräftige, mittellange Rute läuft in einer dünnen Spitze aus und wird leicht aufwärts gebogen getragen.

Farbe und Haar: Reinweiß mit regelmäßigen schwarzen oder braunen Flecken; Welpen sind zunächst weiß. Kurzes, dünnes, aber hartes, glattes und glänzendes Haar.

Abstammung: Sehr alte Laufhundrasse, die es ihrer vielseitigen Begabung verdankt, daß sie ohne Einkreuzung anderer Rassen für unterschiedliche Anforderungen geeignet war: als Meute-Jagdhund, Wachhund, Kriegshund, Zirkushund oder als auffallendes Statussymbol. Die heutigen Dalmatiner haben ihre Jagdpassion fast völlig verloren. Geblieben ist nur das überdurchschnittliche Bewegungsbedürfnis.

Eigenschaften: Ein fast idealer Hausgenosse: sauber, intelligent, anhänglich und anpassungsfähig. Seinem Bewegungsbedürfnis muß allerdings Rechnung getragen werden – sonst verschafft er sich die Bewegung selbst mit einem Sprung über den Zaun.

Haltung: Haus- und Begleithund, der eine solide Gehorsamserziehung braucht.

Windhunde

Greyhound

Greyhound FCI-Nr. 158 England

Höhe und Gewicht: 66–69 cm, 20–24 kg.

Körperform: Der klassische Windhund. Langer Kopf fast ohne Stop, langer, schmaler Fang. Farbe von Nase und Augen entsprechen der Haarfarbe. Kleine Ohren, hoch und weit hinten angesetzt, gefaltet getragen („Rosenohren"). Rücken etwas geschwungen, lang, breit und sehr muskulös, Brust sehr tief und breit, Bauch sehr stark aufgezogen. Läufe lang, gut bemuskelt. Rute lang und dünn, mit leichtem Schwung zwischen den Sprunggelenken getragen.

Farbe und Haar: Vorwiegend Grau, Schwarz, Braun oder gestromt, aber auch andere Farben mit weißen Abzeichen. Kurzes, feines, dichtes und glänzendes Haar; plastische Muskeln sind unter der dünnen Haut zu erkennen.

Abstammung: Auch die Vorfahren des Greyhounds gehörten zu den nördlichen Windhundrassen. Es waren kräftige, derbe Jagdwindhunde. Aus ihnen wurde nach und nach ein eleganter, schmaler Rennhund gezüchtet, dessen Jagdleidenschaft zur Rennleidenschaft wurde.

Eigenschaften: Sanft und zurückhaltend. Nichts interessiert ihn so wie die tägliche Rennstunde.

Haltung: Ohne Training auf der Rennbahn oder neben dem Auto wird dieser Hund zu einem Schatten seiner selbst, äußerlich und im Wesen.

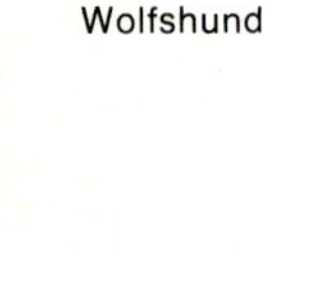

Irischer Wolfshund

Irischer Wolfshund FCI-Nr. 160 England

Höhe und Gewicht: Mindestmaß: Rüde 78 cm und 54 kg, Hündin 71 cm und 40,8 kg.

Körperform: Größte Hunderasse. Langer, nicht zu breiter Kopf, mäßig spitzer Fang mit Bart. Nase und Augen dunkel, buschige Augenbrauen. Ohren klein, weit oben und hinten angesetzt und nach hinten gefaltet getragen. Rücken lang, Brust sehr tief, Bauch aufgezogen, doch nicht so stark wie bei anderen Windhundrassen. Läufe lang und stark, mit entsprechend großen Pfoten und stark gebogenen Krallen. Die mitteldicke Rute wird in leichtem Schwung hängend getragen.

Farbe und Haar: Schwarz, Grau, Gelblich, Weiß, Rot oder gestromt. Rauhes, hartes Haar, das immer etwas strubbelig aussieht.

Abstammung: Der „Wolfhound" gehört, wie auch der etwas leichtere Deerhound, zu den nördlichen Windhundrassen. Ihre Vorfahren begleiteten schon die Kelten auf der Hirsch- und Wolfsjagd – eine nicht ganz ungefährliche Sache, zu der Schnelligkeit, Kraft und Schärfe gehörten. Mit dem Aussterben der Wölfe wurde der Wolfhound „arbeitslos" und fortan mehr als Statussymbol und Familienhund gehalten. Durch Einkreuzen des sanfteren Deerhound verlor er an Schärfe und wohl auch etwas an Größe.

Eigenschaften: Sanfter, zärtlicher und kinderfreundlicher Hund mit zierlichen, leichten Bewegungen. Wachsamer als andere Windhunde, bellt selten.

Haltung: Stellt hohe Ansprüche an Platz und Bewegungsfreiheit innerhalb und außerhalb des Hauses.

Windhunde

Afghane

Afghane FCI-Nr. 228 Afghanistan/England

Höhe und Gewicht: 63–73 cm, 25–33 kg.

Körperform: Langhaariger Windhund. Langer Kopf mit schwachem Stop, langer, schmaler Fang mit kräftigen Kiefern. Nase schwarz oder leberfarben, Augen dunkel oder goldfarben. Ohren lang, hängend mit seidiger Befederung. Mäßig langer, gut bemuskelter Rücken, Brust sehr tief, Bauch stark aufgezogen, durch das lange Haar jedoch verdeckt. Kräftige Läufe mit großen Pfoten, ebenfalls mit langem Haar bedeckt. Die lange, hängende Rute ist meist am Ende geringelt.

Farbe und Haar: Alle Farben und Farbkombinationen. Gesicht, Rücken und Rute sind kurz behaart, Körper und Läufe sehr lang, dicht, fein und weich.

Abstammung: Der Stammbaum dieser südlichen Windhundrasse soll angeblich bis direkt in die Arche Noah zurückreichen. Aber auch wenn das übertrieben ist – alt ist diese Rasse doch. Denn ohne ihre Hunde hätten die Stämme des asiatischen Hochlandes nicht überleben können. Die schnellen, starken Tiere sorgten für Gazellenfleisch und schützten vor den großen Raubtieren. Ihr langes Haar bewahrte sie vor den unglaublichen Temperaturschwankungen, die in ihrer Heimat zwischen Tag und Nacht oft 20 oder 30° C betragen. Hohe Strafen waren auf ihre Ausfuhr gesetzt, und so kamen sie erst vor knapp fünfzig Jahren nach Europa.

Eigenschaften: Eigenwilliger, stolzer Hund, voller Freiheitsdrang. Liebt seine Familie innig, aber nicht stürmisch; gegen Fremde ist er ablehnend. Bellt wenig.

Haltung: Luxushund, der sich täglich voll auslaufen muß (mit 40–60 Stundenkilometern!). Die Fellpflege ist zeitraubend.

Barsoi

Barsoi FCI-Nr. 193 UdSSR

Höhe und Gewicht: 65–82 cm, Gewicht o. A.

Körperform: Großer, aber sehr schmaler Windhund. Kopf und Fang sehr lang, sehr schmal. Nase schwarz, Augen dunkel, feine Ohren, die je nach Stimmung hängen oder aufrecht stehen. Kurzer, leicht gerundeter Rücken, Brust ungewöhnlich tief und flach, Bauch sehr weit aufgezogen. Läufe lang und schmal, mit Hasenpfoten. Die sehr lange Rute wird in der Ruhe sichelförmig getragen.

Farbe und Haar: Weiß mit silbergrauen, gelben, roten oder schwarzen Platten. Haar lang und seidig, gewellt bis gelockt.

Abstammung: Es ist unklar, ob diese Rasse nördlichen oder südlichen Ursprungs ist. Sie entstand in Rußland als „Waffe" gegen die vielen Wölfe, und ihr Leben war daher alles andere als leicht. Zwar bekamen die Barsois das beste Futter, aber sie mußten selbst im Winter draußen schlafen. Und die Auslese war streng. Weiche, schwache Tiere konnten nicht bestehen. Doch hat sich gerade dieser Hund inzwischen ganz mühelos an sein neues Dasein als reiner Luxushund gewöhnt.

Eigenschaften: Ruhiger, zurückhaltender und wachsamer Hund, aber nicht sehr anhänglich. Sein Lebensinhalt: rasanter Lauf.

Haltung: Ein Individualist für Individualisten mit viel Platz. Guter Begleiter für Reiter.

Windhunde

Sloughi

Sloughi FCI-Nr. 188 Arabien/Frankreich
Höhe und Gewicht: 60–70 cm, um 32 kg.
Körperform: Großer Windhund, dem Greyhound ähnlich. Schmaler, nicht zu zierlicher Kopf mit spitzem Fang. Nase schwarz, Augen schwarz oder braun. Breite Ohren, die dicht am Schädel hängen. Rücken nicht zu lang, gerade oder etwas gebogen, Brust tief, doch nicht zu breit, Bauch aufgezogen. Läufe kräftig und muskulös, mit länglichen Pfoten. Rute lang und dünn, je nach Stimmung nach oben gerollt oder hängend getragen.
Farbe und Haar: Meist sandfarben, selten Schwarz oder Weiß, mit oder ohne schwarze Maske. Kurzes, feines Haar ohne jede Befederung.
Abstammung: Der arabische Sloughi ist dem persischen Saluki nahe verwandt in Abstammung, Körperbau, Wesen und Verwendung. Nur bei der Jagd ist er schärfer, heftiger – wenn der Herr ihm die Beute nicht sofort wegnimmt, frißt der Hund sie auf der Stelle auf. In Europa werden überwiegend importierte Sloughis gehalten, weil nachgezüchtete Tiere leicht dazu neigen, längeres Haar zu bekommen.
Eigenschaften: Sanft in der Familie, abweisend zu Fremden. Verträglich mit Hunden seines Rudels, bedenkenlos im Angriff auf fremde Hunde. Seine Jagdpassion macht es oft schwierig, den Hund frei laufen zu lassen, doch ohne genügend Bewegung wird er unleidlich, ein Schatten seiner selbst.
Haltung: Luxushund, der in jeder Beziehung höchste Ansprüche stellt.

Saluki

Saluki FCI-Nr. 269 Persien
Höhe und Gewicht: 54–71 cm, 13–30 kg.
Körperform: Großer, doch zierlicher Windhund. Schmaler, feiner Kopf mit ganz schwachem Stop. Nase schwarz, Augen schwarz, seegrün oder braun in verschiedenen Nuancen. Ohren ziemlich breit, 12–15 cm lang, hängend und mit langem, seidigem Haar bedeckt. Rücken langgestreckt und leicht gebogen, Brust tief und nicht zu breit, bei Rennhunden mit deutlich sichtbaren Muskeln, Bauch gut aufgezogen. Läufe muskulös, mit länglichen Pfoten. Rute zur Spitze hin stark verjüngt, mit langer Fahne, nach oben gerollt oder hängend getragen.
Farbe und Haar: Meist hell sandfarben, aber auch schwarz. Kurzes, glattes Haar, nur an den Behängen und der Rute reiche, lange Haare.
Abstammung: Der Saluki gehört zu den südlichen Windhunden. Seine Geschichte ist so alt wie die Jagd auf das schnellste Wild, die Gazelle. Und wie alle Windhunde, jagt der Saluki nur mit Hilfe der Augen – nicht mit der Nase. Um seine Kraft nicht zu erschöpfen, saß der Hund früher bei der Jagd vor seinem Herrn auf dem Kamel oder Pferd. Erst wenn das Wild in Sicht kam sprang er ab, raste auf kurzer Strecke mit 60 Stundenkilometern und mehr hinter der Beute her und riß sie zu Boden. So versorgte er seinen Besitzer mit dem so notwendigen Fleisch und rangierte damit in der Wertschätzung weit vor der Ehefrau des Herrn.
Eigenschaften: Sanft und sehr anschmiegsam. Doch ohne liebevolle Erziehung wird er eigensinnig, ohne ausreichende Bewegung wird er mürrisch. Auffallend ist seine bedächtige, fast scheue Art zu fressen.
Haltung: Ein Renn- und Luxushund, der Zeit und Einfühlungsvermögen seines Herrn stark beansprucht.

Windhunde

Whippet

Whippet FCI-Nr. 162 England

Höhe und Gewicht: 42–50 cm, ideal für Rüden 47 cm, für Hündin 44,5 cm, 9–10 kg.

Körperform: Kleiner, zierlicher Windhund. Langer Kopf mit flachem, zwischen den Ohren breitem Schädel und spitzem Fang. Nasen- und Augenfarbe zur Haarfarbe passend. Kleine, hoch angesetzte Rosenohren (s. Abb. rechts). Rücken lang und breit, etwas gebogen. Brust tief, Bauch aufgezogen. Läufe kräftig, mit runden Pfoten. Rute lang und dünn, wird zwischen den Hinterläufen getragen.

Farbe und Haar: Alle Farben. Kurzes, dichtes, glänzendes Haar.

Abstammung: Der Whippet verdankt seine Entstehung nicht der Jagd, sondern der Rennpassion des Menschen. Er wurde aus dem Greyhound und kleinen Terriern gezüchtet als „Rennpferd des kleinen Mannes". Durch das Terrierblut ist er gehorsamer geworden als andere Windhunde, aber auch anfälliger für das Wildern – das er früher wohl zusammen mit seinem Herrn betrieb, um den Fleischtopf zu füllen.

Eigenschaften: Gehorsamer, kinderlieber Hund, doch gegen Strafen und Befehle allergisch. Auf der Rennbahn schneller als man ihm zutraut.

Haltung: Verträglicher Haushund mit großem Laufbedürfnis.

Italienisches Windspiel

Italienisches Windspiel FCI-Nr. 200 Italien

Höhe und Gewicht: 31–38 cm, bis 4,5 kg.

Körperform: Kleinster Windhund. Schmaler, langer Kopf mit spitzem Fang. Nase schwarz oder grau, Augen braun, groß und rund. Ohren klein und fein, nach rückwärts gerichtet getragen (Rosenohr). Rücken sanft gebogen, Brust tief und schmal, Bauch sehr stark aufgezogen. Läufe zart, mit länglichen Pfoten. Rute dünn, hängend, unten mit leichtem Aufwärts-Bogen.

Farbe und Haar: Einfarbig Schwarz, Grau, Gelb, isabellfarben, auch mit weißen Abzeichen. Haar sehr kurz, seidig, fein und weich.

Abstammung: Diese Rasse entstand aus südlichen Windhundrassen im alten Ägypten und verbreitete sich im Mittelmeerraum. Von Italien aus trat das Windspiel einen wahren Siegeszug durch viele Länder und Menschenherzen an. Doch wurde der kleine, anmutige Hund nicht nur als Schoßhund gehalten. Jagdeifer und Bewegungsfreude tobten sich gerne und erfolgreich bei der Kaninchenjagd aus.

Eigenschaften: Der erste Eindruck trügt: die ängstlichen Augen, der eingeklemmte Schwanz und das ewige Zittern bedeuten nicht, daß der Hund wirklich ängstlich ist oder gar friert. Man schätzt ihn als liebevollen, lebenslustigen Begleiter.

Haltung: Haus- und Zimmerhund ohne sonderlichen Bewegungsdrang.

Schutz- und Wachhunde

Bernhardiner

Bernhardiner FCI-Nr. 61 Schweiz

Höhe und Gewicht: Mindestmaß: 70–75 cm, bis 100 kg.
Körperform: Großer, massiger Hund. Breiter, etwas gerundeter Oberkopf mit sehr markantem Stop; kurzer, stumpfer Fang, ohne überhängende Lefzen. Auf der Stirn viele Falten. Nase breit und schwarz, Augen mittelgroß und braun. Ohren nicht zu groß, breit und hoch angesetzt, hängend. Rükken sehr breit und gerade, von der Hüfte an abfallend. Brust gut gewölbt, mäßig tief, Bauch leicht aufgezogen. Läufe stark, kräftig, muskulös, mit breiten Pfoten. Rute kräftig, hängend getragen, nur an der Spitze aufgebogen oder eingerollt.
Farbe und Haar: Weiß mit roten Platten oder Flecken, Gelb bis Graubraun gestromt oder mit weißen Platten. Stockhaarig, dicht, glatt anliegend, oder langhaarig und leicht gewellt.
Abstammung: Der Bernhardiner gehört zu den doggenartigen Hunden, einem Rassenkreis, dessen Vorfahren wahrscheinlich sehr große Wolfsarten waren. Doch hat sein Wesen nichts Wölfisches mehr. Seinen Namen hat er vom Kloster am St. Bernhards-Paß, wo diese Hunde hauptsächlich gezüchtet wurden. In der einsamen, nicht ganz ungefährlichen Gegend brauchten die Mönche Hilfe gegen Räuber und für verirrte, verunglückte Menschen, die den Paß überqueren wollten.
Eigenschaften: Ruhig, gutmütig und kinderlieb, starker Wächter für Haus und Familie. Unempfindlich gegen Wind und Wetter.
Haltung: Anspruchsvoll bei der Aufzucht, später genügsam. Kein Stadthund, denn er braucht viel Platz und Bewegung.

Leonberger

Leonberger FCI-Nr. 145 Deutschland

Höhe und Gewicht: 64–80 cm, Gewicht o. A.
Körperform: Dem Bernhardiner ähnlich. Oberkopf leicht gewölbt, nicht zu breit, mit mäßigem Stop und nicht zu breitem, aber tiefem Fang. Keine Stirnfalten. Nase schwarz, Augen braun. Ohren mittelgroß und flach hängend. Rücken fest und gerade, hinten leicht abfallend, Brust tief und flach, Läufe kräftig und gut bemuskelt, mit runden Pfoten. Rute lang und fast gerade hängend.
Farbe und Haar: Rotbraun, Löwengelb bis Hellgelb, meist mit dunkler Maske. Mittellanges Haar, weich bis derb, ohne Locken, dichte Unterwolle.
Abstammung: Es gibt nur wenige Hunderassen, bei denen wir die Entstehung so genau kennen wie beim Leonberger. Vater war ein Landseer-Rüde, Mutter eine Bernhardinerhündin, und ihr erster gemeinsamer Wurf wurde 1839 geboren. Später wurde noch ein Pyrenäenhund eingekreuzt, und damit schien dem Züchter das erreicht, was er wollte: ein Hund, der dem Löwen im Leonberger Stadtwappen möglichst ähnlich sah.
Eigenschaften: Sehr wachsamer, kinderlieber, wohltuend ruhiger Hund, der wenig bellt und nicht rauft. Hervorragender Schwimmer.
Haltung: Schutz- und Begleithund auf weiträumigen, einsamen Grundstücken, möglichst mit Badegelegenheit.

Schutz- und Wachhunde

Neufundländer

Neufundländer FCI-Nr. 50 England

Höhe und Gewicht: 62–75 cm, 40–62 kg.

Körperform: Großer, kräftiger, aber wendiger Hund. Breiter, schwerer Kopf mit deutlichem Stop und kurzem, mäßig zugespitztem Fang. Nase schwarz, Augen dunkelbraun und mandelförmig. Kleine, dreieckige Ohren, die dicht anliegen. Sehr breiter, muskulöser Rücken, breite, tiefe Brust und leicht aufgezogener Bauch. Kräftige Läufe mit reicher Befederung. Rute nicht zu lang, buschig behaart, je nach Stimmung hängend oder in Verlängerung der Rückenlinie getragen.

Farbe und Haar: Tiefschwarz bevorzugt, auch mit braunem Schimmer, oder einfarbig Braun (sehr selten). Langes, üppiges, festes und etwas fettiges Haar, sehr dichte Unterwolle.

Abstammung: Die Leute von Neufundland brauchten einen vielseitigen Hund, der in allen Lebenslagen ein aufmerksamer Helfer war. Und so züchteten sie aus Rassen, die mehr oder weniger zufällig auf die Insel gekommen waren, einen Hund, der eben alles konnte: Schlitten ziehen, Enten jagen, Fischernetze einholen, mit im Boot fahren, ertrinkende Menschen retten und wachen.

Eigenschaften: Wachsam, ohne viel zu bellen, gutmütig und verspielt. Ein großer Kinderfreund, der immer hilfsbereit ist. Badet und schwimmt gerne und viel.

Haltung: Wach-, Begleit- und Familienhund für weitläufige Grundstücke und große Häuser. Sollte oft Gelegenheit zum Baden haben.

Ähnlich: Der *Landseer* (FCI-Nr. 226), der dem Neufundländer völlig gleicht, nur im Fell Unterschiede zeigt, denn er ist stets weiß und hat schwarze, unregelmäßige Platten.

Hovawart

Hovawart FCI-Nr. 190 Deutschland

Höhe und Gewicht: 58–70 cm, 25–40 kg.

Körperform: Kräftiger, nicht zu schwerer Hund. Breiter, mäßig gerundeter Kopf mit nicht zu spitzem, kräftigem Fang. Nase schwarz, Augen dunkel, mittelgroß, mandelförmig. Ohren mittelgroß und hängend. Rücken fest, nicht sehr breit, gerade, hinten leicht abfallend, Brust breit und tief. Läufe gerade und kräftig, mit kräftigen Pfoten. Rute wird zur Spitze hin dünner, mit guter Fahne, meist hängend getragen.

Farbe und Haar: Schwarz, auch mit Brand, oder Blond. Langes, weiches, glänzendes Haar, das schlicht oder gewellt ist, fast keine Unterwolle.

Abstammung: Ursprünglich war der Hovawart ein derber Bauernhund, und sein altdeutscher Name heißt auch so viel wie „Hofwächter". Heute hat die Rasse nichts Derbes mehr; sie ist wesentlich vielseitiger geworden, als sie damals war, denn außer idealen Wachhund-Eigenschaften hat der Hovawart auch alle Fähigkeiten zum anerkannten Diensthund für Polizei und Zoll, und zwar ohne jene Schärfe zu entwickeln, die den Umgang mit Diensthunden sonst etwas schwierig macht.

Eigenschaften: Wachsam, mutig, ruhig und zuverlässig, ohne übermäßige Schärfe; dazu spielfreudig, kinderlieb, gehorsam und leicht zu erziehen. Lernt lange und langsam, vergißt aber nichts.

Haltung: Mehr Land- als Stadthund, denn er braucht viel Bewegung und außerdem einen ruhigen Herrn, der Zeit für die Erziehung und Haarpflege hat.

Schutz- und Wachhunde

Boxer

Boxer FCI-Nr. 144 Deutschland

Höhe und Gewicht: 53–63 cm, 24–32 kg.

Körperform: Stämmiger, doch schlanker Hund. Leicht gewölbter Kopf mit deutlichem Stop. Kurzer Fang, aufgebogener Unterkiefer und dicke Lefzen. Nase breit und schwarz, Augen dunkel, nicht vorstehend. Die Hängeohren werden spitz kupiert, so daß sie aufrecht stehen. In England gibt es auch Boxer mit unkupierten Ohren. Kurzer, breiter Rücken, der mit den Läufen ein Quadrat bildet. Brust tief und gewölbt, Bauch leicht aufgezogen. Lange, stramme Läufe mit kleinen Pfoten. Rute im Ansatz breit und entweder kurz kupiert oder unkupiert hängend.

Farbe und Haar: Verschiedene Schattierungen von Gelb bis Rot, auch gestromt, weiße Abzeichen zugelassen. Haar kurz, hart, glatt.

Abstammung: Der Name „Boxer" ist wesentlich jünger als die Rasse. Denn diese Hunde hießen früher Bullenbeißer – und waren es auch. Sie wurden in England als leichtere Variante des Mastiff gezüchtet. In Deutschland gab es zwar die Bullenjagd als Volkssport nicht in dem Ausmaß wie in England, doch schätzte man den Hund bald sehr wegen seiner anhänglichen, gutmütigen Art. Man veränderte seine zweckgerichtete Form zu eleganteren Linien und seinen furchterregenden Namen in einen unverfänglicheren.

Eigenschaften: Unkomplizierter, dressurfähiger Hund, der sich von Kindern unglaublich viel gefallen läßt. Bellt wenig.

Haltung: Je nach Erziehung Schutz- und Diensthund oder Stadt- und Familienhund, auch für Anfänger.

Deutsche Dogge

Deutsche Dogge FCI-Nr. 235 Deutschland

Höhe und Gewicht: 72–92 cm, 50–80 kg.

Körperform: Gehört mit dem Irischen Wolfshund zu den größten Hunderassen. Langgestreckter Kopf, der von oben schmal, von der Seite eckig aussieht, betonter Stop, breiter Nasenrücken, stumpfer Fang. Nase groß und schwarz, Augen rund und dunkel. Die langen Ohren sind spitz kupiert. Der Rücken fällt nach hinten leicht ab, die Brust ist breit und tief und geht in sanftem Schwung in den aufgezogenen Bauch über. Lange, starke Läufe mit runden Pfoten. Die kräftige Rute läuft dünn aus und wird meist hängend getragen.

Farbe und Haar: Gelb, Blau, Schwarz gestromt oder Weiß mit schwarzen Flecken. Kurzes, dichtes, glatt anliegendes und glänzendes Haar.

Abstammung: Die Deutsche Dogge hat vermutlich Blut vom Irischen Wolfshund und dem Mastiff, der als direkter Nachfahre römischer Kampfhunde gilt. So verbindet die Dogge Kraft und Kampfgeist des Mastiff mit Wendigkeit und Ausdauer des Windhundes, Eigenschaften, die ihr bei der Jagd auf großes, wehrhaftes Wild zustatten kamen.

Eigenschaften: Intelligenter, kinderlieber Familienhund, aber mißtrauisch und wachsam gegen Fremde. Ohne solide Erziehung und etwas Dressur wird der Hund leicht scharf und ist kaum zu bändigen.

Haltung: Wach-, Begleit-, Haus- und Familienhund. Braucht viel Bewegung draußen und im Hause so viel Platz, daß er nicht überall aneckt.

Schutz- und Wachhunde

Bordeaux-Dogge

Bordeaux-Dogge FCI-Nr. 116a Frankreich

Höhe und Gewicht: 58–68 cm, mindestens 45–50 kg.
Körperform: Kompakter Hund mit ungewöhnlich großem, kantigem Kopf, betontem Stop, vielen Falten an Stirn und Fang und kurzem, nahezu quadratischem Fang. Lefzen hängen breit über, Vorbeißer. Breite, dunkle Nase, ovale, dunkle Augen. Ohren klein, gerundet, flach hängend. Rücken breit, sehr muskulös und kurz, Brust mächtig tief, Bauch gut aufgezogen. Die kräftigen Läufe sind leicht einwärts gebogen, mit großen Pfoten. Kräftige Rute, zur Spitze hin verjüngt, hängend getragen.
Farbe und Haar: Einfarbig Gelb, Mahagoni, Feuerrot, Fahl. Kurzes, feines, weiches Haar.
Abstammung: Von den römischen Kampfhunden; sie wurde jedoch weniger zum Schutz als zur Verfolgung von Menschen ausgebildet – im Krieg und bei der Sklavenjagd. Heute nur noch Schutz- und Wachhund.
Eigenschaften: Ungewöhnlich starker, rücksichtsloser Schutzhund, doch ohne Angriffslust. Im Hause ruhig und friedlich, wenn energisch und konsequent erzogen.
Haltung: Schutz- und Familienhund, der viel Bewegungsfreiheit braucht.

Mastiff FCI-Nr. 264 (ohne Abbildung) England

Höhe und Gewicht: Mindestmaß 67,5–75 cm, bis 75 kg.
Körperform: Mächtiger, schwerer Hund. Viereckiger Kopf mit faltiger Stirn, kurzem, breitem Fang und hängenden Lefzen. Nase breit, dunkel, Augen dunkelbraun. Kleine, V-förmige Ohren, die dicht anliegen. Rücken lang, breit und muskulös, Brust geräumig und tief, Bauch leicht aufgezogen. Läufe mit schweren Knochen, weit auseinandergesetzt, mit runden Pfoten. Lange Hängerute.
Farbe und Haar: Silber, aprikosenfarben, Gelb, dunkelgold gestromt, schwarze Maske. Deckhaar harsch, anliegend, Unterwolle kurz und dicht.
Abstammung: Wie die Bordeaux-Dogge; wird stets nur als Wach- und Schutzhund gehalten. Eine der ältesten Hunderassen Englands.
Eigenschaften: Gutmütiger, anhänglicher Familienhund, mißtrauisch und angriffslustig gegen Fremde; braucht viel Bewegung.
Haltung: Zuverlässiger Wach- und Familienhund, wenn genügend Platz ist.

Fila Brasileiro

Fila Brasileiro FCI-Nr. 225 Brasilien

Höhe und Gewicht: um 68 cm, Gewicht o. A.
Körperform: Doggenähnlicher Hund. Verhältnismäßig großer, kantiger Kopf mit starkem, breitem Fang und überhängenden Lefzen. Nase schwarz oder braun, Augen dunkel, mandelförmig. Große, V-förmige Ohren, die in Ruhe so zurückliegen, daß das Innere sichtbar wird. Kräftiger, kompakter Rumpf mit viel loser Haut, breite, tiefe Brust. Starkknochige Läufe, breit gestellt, große Pfoten. Rute kräftig, hängend getragen.
Farbe und Haar: Alle Brauntöne, auch mit schwarzen Streifen und weißen Abzeichen. Kurzes, weiches Haar, das der losen Haut anliegt.
Abstammung: Die Vorfahren waren europäische Doggen und Schweißhunde, die mit Spaniern und Portugiesen nach Übersee kamen. Auf den großen Farmen bewährten sich die Fila als Mehrzweckhunde: bei der Jagd, als Viehtreiber und als Haus- und Wachhund.
Eigenschaften: Mutiger, tapferer Schutzhund, anhänglicher, liebevoller Einmannhund; Neigung zum Aufspüren und Jagen von Wild.
Haltung: Jagd- und Schutzhund für große Besitzungen.

Schäfer- und Hütehunde

Belgischer Schäferhund

Belgische Schäferhunde FCI-Nr. 15 Belgien
Höhe und Gewicht: 58–62 cm, um 24 kg.
Körperform: Dem Deutschen Schäferhund ähnlich. Wohlproportionierter, langer Kopf mit mäßigem Stop und langen, nicht zu spitzem Fang. Nase schwarz, Augen dunkelbraun, mandelförmig. Ohren dreieckig und aufrecht getragen. Der breite Rücken ist kürzer als beim Deutschen Schäferhund, daher quadratische Gesamterscheinung. Läufe lang und nicht zu stark, mit runden „Katzenpfoten". Buschige Hängerute.
Farbe und Haar: Hier unterscheidet man vier Schläge. *Groenendal:* Schwarz und langhaarig; *Tervueren:* Rotgelb mit schwarzer Maske und langhaarig; *Malinois:* Rotgelb mit Schwarz gestichelt und kurzhaarig; *Laekenois:* Rotgelb mit Kohlestichelung an Fang und Rute und rauhhaarig.
Abstammung: Gleicht im wesentlichen der des Deutschen Schäferhundes.
Eigenschaften: Lebhaft, aufmerksam und sehr dressurfähig. Ein feuriger Verteidiger seines Herrn und hervorragender Wächter.
Haltung: Wachhund für Haus und Hof, anerkannter Polizeihund.

Deutscher Schäferhund

Deutscher Schäferhund FCI-Nr. 166 Deutschland
Höhe und Gewicht: 55–65 cm, Gewicht o. A.
Körperform: Wolfsähnlicher Hund. Nicht zu großer Kopf mit mäßigem Stop und gleichmäßig sich verjüngendem, kräftigem Fang. Nase dunkel, Augen dunkel und mandelförmig. Breit angesetzte, spitze Stehohren beim erwachsenen Tier; die Welpen werden mit Kippohren geboren. Der kräftige Rücken soll länger sein als die Widerristhöhe. Brust tief, aber nicht zu breit, Bauch etwas aufgezogen. Läufe kräftig und nicht zu lang, mit kurzen, runden Pfoten. Rute reicht bis zum Sprunggelenk hinab und ist buschig.
Farbe und Haar: Schwarz, Eisengrau, Aschgrau, Rotgelb, Gelb, Rotbraun, Gelb mit schwarzem Sattel oder wolfsfarben. Das dichte, harsche Stockhaar liegt fest an. Reiche Unterwolle.
Abstammung: Die meiste Zeit in ihrer vielhundertjährigen Geschichte waren die Schäferhunde ausschließlich Schäfer-Hunde. Geschätzt wurden sie nur von ihrem Schäfer, und zwar um so mehr, je sicherer und selbständiger sie die Herde zusammenhalten konnten. Erst zu Beginn dieses Jahrhunderts entdeckten auch andere Berufsgruppen die intelligenten Hunde als Freund und Helfer, z. B. Polizei, Militär, Filmindustrie, Bergwacht und Zoll. Und ein Schäferhund war der erste Hund, der als Blindenführer einen Menschen ersetzen konnte. Seit dieser Zeit hat sich das Äußere der Rasse sehr zu ihrem Vorteil verändert; es ist schöner und edler geworden. Aber auch das Wesen hat sich weiterentwickelt. Auf der Basis der vorhandenen Intelligenz ist der Schäferhund zu einem vielseitigen Hund geworden, von dem man fast alles verlangen kann. „Fast alles", weil er nur eines nicht kann, nämlich jagen.
Eigenschaften: Intelligent und mutig, wachsam und kinderlieb, treu und gehorsam. Doch wird er ohne kundige Erziehung und Ausbildung leicht scharf.
Haltung: Entweder als ausgebildeter Spezialist für bestimmte Aufgaben oder einfach als Wach- und Begleithund für Haus und Hof in Stadt und Land.

Schäfer- und Hütehunde

Collie

Collie FCI-Nr. 156 England

Höhe und Gewicht: 51–61 cm, 18–30 kg.

Körperform: Langhaariger Schäferhund mit Barsoi-Kopf: lang, flach, schmal, mit mäßigem Stop. Nase schwarz, Augen mandelförmig und dunkelbraun oder blau. Die kleinen, spitzen Ohren werden aufrecht getragen mit umgekippter Spitze. Rücken lang, breit und gerade, über den Lenden gerundet, Brust tief. Läufe lang und sehnig, mit ovalen Pfoten. Die buschige Rute wird meist hängend mit leicht aufgebogener Spitze getragen.

Farbe und Haar: Gold- bis mahagonifarben mit Weiß, Silberblau mit schwarzen Sprenkeln, Schwarz mit weißen und braunen Abzeichen. Langes, dichtes, hartes Haar mit weicher, sehr dichter Unterwolle, üppige Mähne und Halskrause, Kopf kürzer behaart, oder kurzes, dichtes Haar (Kurzhaarcollie).

Abstammung: Dem schottischen Schäferhund erging es wie so vielen Gebrauchshunden: Kaum wurde die Rasse von Liebhabern entdeckt, ging man daran, aus seiner zweckgerichteten, eher derben Gestalt einen möglichst schönen, edlen Hund zu züchten. Dazu kreuzte man beim Collie zuerst den Gordon Setter ein und später den Barsoi, dessen Kopfform hier unverkennbar ist. Doch im Wesen ist dieser Hund ganz ein schottischer Individualist geblieben.

Eigenschaften: Ein Hund ohne sklavischen Gehorsam, der aber gern und schnell lernt. Trotz großem Freiheitsdrang ein treuer, wachsamer Begleiter, unempfindlich gegen Wind und Wetter.

Haltung: Wach-, Haus- und Begleithund, der viel Bewegung und eine zeitraubende Haarpflege braucht.

Sheltie

Sheltie (Shetland Sheepdog) FCI-Nr. 88 England

Höhe und Gewicht: 34–38 cm, Gewicht o. A.

Körperform: Zwergcollie. Langer Kopf mit geringem Stop und kräftigem Fang, gut abgerundet. Nase schwarz, Augen mandelförmig und dunkelbraun oder blau. Kleine Ohren, die halb aufgerichtet getragen werden mit umkippender Spitze. Rücken mäßig lang, mit tiefer Brust und kräftigen Lenden. Läufe nicht zu fein, sehnig, mit ovalen Pfoten. Die gut behaarte Rute wird hängend getragen mit leicht aufgebogener Spitze.

Farbe und Haar: Wie beim langhaarigen Collie.

Abstammung: Der Sheltie ist der kleine Bruder des Collie, ein Zwergschäferhund zum Hüten von Zwergschafen. Da an ihm nicht so viel herumgezüchtet worden ist, blieb sein Äußeres ursprünglicher, vor allem der Kopf mit dem fuchsähnlichen Ausdruck.

Eigenschaften: Vereint alle Vorzüge eines Kleinhundes (weniger Platz- und Futterbedarf) mit den charakterlichen Eigenschaften seines großen Bruders, des Collie.

Haltung: Haus- und Stadthund mit Anspruch auf viel Haarpflege.

Schäfer- und Hütehunde

Bobtail

Bobtail (Old English Sheepdog) FCI-Nr. 16 England
Höhe und Gewicht: Mindestens 56 cm, Gewicht o. A.
Körperform: Kräftiger, üppig behaarter Hund. Ziemlich großer, eckig abgestumpfter Kopf mit deutlichem Stop. Nase schwarz, Augen dunkel oder mit ungefärbter Iris (Glasauge). Kleine, mittellang behaarte Hängeohren. Rücken ziemlich kurz, Kruppe kräftig und gut gerundet, Brust breit und tief, Bauch fast gerade. Läufe stark, nicht zu lang und sehr gerade auf den Boden gestellt, mit kleinen runden Pfoten. Rute meist angeborener Stummelschwanz, sonst auf 4–5 cm kupiert.
Farbe und Haar: Grau, Graumeliert, Blau oder Blaumeliert, auch mit weißen Abzeichen. Überreiches, langes Zottelhaar ohne Locken.
Abstammung: Vermutlich entstand der Bobtail aus verschiedenen kontinentalen und englischen Schäferhunden. Den inzwischen meist angeborenen Stummelschwanz verdankt er einem, für heutige Verhältnisse seltsamen englischen Gesetz: für stummelschwänzige Hunde mußte keine Steuer entrichtet werden.
Eigenschaften: Gutmütiger, leicht erziehbarer Familienhund, ruhiger, zuverlässiger Wächter, dazu intelligent und anpassungsfähig. Wildert nicht.
Haltung: Wach- und Hütehund, aber auch Stadthund – trotz der mühevollen Haarpflege.

Puli

Puli FCI-Nr. 55 Ungarn
Höhe und Gewicht: 35–45 cm, 8–17 kg.
Körperform: Wandelndes Zottelfell mit kurzem, kleinem Kopf. Der Fang ist ebenfalls kurz, die Nase stumpf und schwarz, die Augen sind kaffeebraun. Von den V-förmigen Hängeohren ist unter den langen Haaren wenig zu sehen. Rumpf und Läufe bilden ein Quadrat, Einzelheiten verschwinden unter den Haarschnüren. Buschige Rute, hängend oder gerollt getragen.
Farbe und Haar: Schwarz, Schwarz mit rostrotem Schimmer oder Grau. Das lange Haar ist zu Platten oder Schnüren verfilzt, die weder gekämmt noch geschoren werden dürfen.
Abstammung: Die eigentliche Heimat des Puli ist wahrscheinlich Zentral-Asien. Wann und wie er nach Ungarn kam, ist unbekannt. Jedenfalls hat er sich dort schnell einen sicheren Platz erobert, weil er geschickt und mutig mit Pferden, Rindern und sogar Bullen umzugehen wußte. Um seine wehrhaften Schützlinge zu dirigieren, verbiß er sich in ihre Nüstern – einem außerordentlich empfindlichen Körperteil.
Eigenschaften: Origineller, vielseitig begabter Hund, der temperamentvoll, gewandt und mutig ist.
Haltung: Nicht nur Schäferhund, sondern auch Polizei-, Begleit- und Luxushund. Das lange Haar fällt nur aus, wenn die Hündin Junge wirft, sonst nie. Muß im ungeheizten Raum schlafen.

Ähnlich: Der bei uns seltene *Pumi*. Er ist etwas größer als der Puli, hat kürzeres Haar und eine kupierte Rute.

Schäfer- und Hütehunde

Komondor

Komondor FCI-Nr. 53 Ungarn
Höhe und Gewicht: 60–75 cm und größer, 40–60 kg.
Körperform: Sieht aus wie ein jahrelang ungeschorenes Schaf. Breiter Kopf mit gewölbtem Schädel und deutlichem Stop. Kurzer Fang mit stumpfer, schwarzer Nase, Augen dunkelbraun. Lange, U-förmige Hängeohren. Kurzer Rumpf mit tonnenförmiger Brust. Läufe gerade, doch breit unter den Hund gestellt, Pfoten groß und lang behaart. Die lang behaarte Rute wird hängend getragen.
Farbe und Haar: Reinweiß – aus dem gleichen Grund wie beim Kuvasz. Haar bis 27 cm lang, entweder total verfilzt oder in enggewellten Schnüren. Kämmen nicht möglich, Scheren nicht erwünscht.
Abstammung: Trotz äußerer Ähnlichkeit ist der Komondor mit dem Puli nicht verwandt. Das Zottelhaar ist wohl nur eine Parallelentwicklung zweier Rassen, die mit den gleichen Problemen zu kämpfen haben: mit dem Leben im Freien bei jeder Witterung, mit Verfolgungsjagden durch dichtes Gestrüpp und mit gefährlichen Gegnern, deren Zähne, Klauen und Hörner vom Fell abgehalten werden sollten, bevor sie die Haut des Hundes verletzen konnten.
Eigenschaften: Einmannhund von unerschütterlicher Treue und gewaltiger Kraft. Unempfindlich gegen Wind und Wetter.
Haltung: Schutz- und Begleithund, auch in der Stadt. Braucht ruhigen, geduldigen Herrn mit erzieherischen Fähigkeiten.

Kuvasz

Kuvasz FCI-Nr. 54 Ungarn
Höhe und Gewicht: 60–75 cm, 35–45 kg.
Körperform: Großer weißer Hirtenhund. Langer Kopf mit leicht gewölbtem Schädel und geringem Stop. Stumpfer Fang mit tiefschwarzer Nase, Augen dunkelbraun. V-förmige, etwas abstehende Hängeohren. Der kräftige Rücken fällt nach hinten leicht ab, die Brust ist sehr tief. Muskulöse Läufe mit runden „Katzenpfoten“. Dicht behaarte Fahnenrute, die meist hängend oder leicht erhoben getragen wird.
Farbe und Haar: Nur Weiß, damit er nachts bei der Herde von den Wölfen unterschieden werden konnte. Haar mittellang, üppig und leicht gewellt. An Kopf und Läufen kurz und glatt.
Abstammung: Im Gegensatz zu den Schäferhunden beschäftigen sich die Hirtenhunde weniger mit der Herde als mit deren Feinden in Tier- und Menschengestalt. Der Kuvasz zeigt im Körperbau deutlichen Doggeneinschlag – was ihn zu einem besonders „eindrucksvollen“ Wach- und Schutzhund macht.
Eigenschaften: Wachsam, zuverlässig und gutmütig in der Familie. Ohne jede Neigung zum Jagen und Wildern.
Haltung: Braucht viel Platz, Bewegung und Haarpflege. Nur durch sorgfältige Erziehung zu bändigen.

Ähnlich: Pyrenäenhund, der etwas größer und stämmiger ist und um Behänge und Augen auch graue Flecken haben darf.

Schäfer- und Hütehunde

Rottweiler

Rottweiler FCI-Nr. 147 Deutschland

Höhe und Gewicht: 55–68 cm, 50–60 kg.

Körperform: Kraftstrotzender, gedrungener Hund. Nicht zu langer Kopf mit breitem Schädel und kurzem Fang. Nase breit und schwarz, Augen dunkelbraun und mandelförmig. Möglichst kleine Hängeohren. Kräftiger Rücken, der etwas länger sein soll als die Widerristhöhe. Brust breit und kantig, Bauch nicht aufgezogen. Die kraftvollen Läufe sind eher breit gestellt. Starke Rute, entweder kurz kupiert oder angeborener Stummelschwanz.

Farbe und Haar: Schwarz mit rotbraunen Abzeichen. Mittellanges, derbes, dicht anliegendes Stockhaar mit kurzer Unterwolle.

Abstammung: Der Rottweiler kam mit römischen Legionären ins Schwabenland. Man beschäftigte den ungewöhnlich starken Hund damit, Schlachtvieh-Herden über Land nach Rottweil zum Markt zu treiben. Und als das mit der Eisenbahn schneller ging, lernte der Rottweiler um, er wurde Polizei- und Diensthund.

Eigenschaften: Mutig und wachsam und im Ernstfall ein fürchterlicher Kämpfer. Anerkannter Diensthund, der aber „außer Dienst" sehr ruhig, gutmütig und kinderfreundlich ist.

Haltung: Außerhalb der Stadt der beste Begleiter für nervöse, ängstliche Menschen. Braucht einen täglichen Spazier-Lauf neben dem Fahrrad.

Großer Schweizer Sennenhund

Großer Schweizer Sennenhund FCI-Nr. 58 Schweiz

Höhe und Gewicht: um 65–70 cm, Gewicht o. A.

Körperform: Leichter und beweglicher als der Rottweiler. Breiter, flacher Schädel mit leichtem Stop und kräftigem, nicht spitzem Fang. Nase schwarz, Augen braun. Mittelgroße, dreieckige Hängeohren. Kräftiger, breiter Rücken mit breiter Brust und aufgefülltem Bauch. Kräftige, gerade Läufe mit rundlichen Pfoten. Ziemlich dicke Hängerute.

Farbe und Haar: Schwarze Grundfarbe mit rostroten und weißen Abzeichen. Kurzes, glattes Deckhaar mit Unterwolle.

Abstammung: Aus alten Viehtreiberhunden aus Italien sind in der Schweiz leichtere Rassen entstanden, speziell für den Gebrauch im Gebirge. Da sie es nie mit Großwild zu tun hatten, fehlen ihnen die Bärenkräfte ihrer Vorfahren, dafür sind sie wendiger und ausdauernder auf schmalen Hochgebirgspfaden. Der Große Schweizer Sennenhund und die drei nachfolgenden Schläge unterscheiden sich nicht nur äußerlich, sondern auch im Wesen: je einsamer die Höfe und Almen ihrer engeren Heimat lagen, desto „schutzwütiger" wurden die Hunde.

Eigenschaften: Überaus wachsamer Hund, der auch freundlich gesinnte Fremde nicht an „seine" Familie heranläßt. Keinerlei Jagdtrieb. In unwegsamen Gebirgsgegenden wird er auch als Zughund vor kleine Wagen gespannt.

Haltung: Wegen seiner „Fremdenfeindlichkeit" nur auf einsamen Höfen oder Almen zu halten.

Entlebucher Sennenhund

Entlebucher Sennenhund FCI-Nr. 47 Schweiz
Höhe und Gewicht: um 44–48 cm, Gewicht o. A.
Körperform: Ähnlich dem Großen Schweizer Sennenhund, etwas gestreckter, aber mit angeborener oder kupierter Stummelrute.
Farbe und Haar: Wie der Appenzeller Sennenhund.
Abstammung: Siehe Großer Schweizer Sennenhund.
Eigenschaften: Freundlicher, lebhafter, anpassungsfähiger, doch wachsamer Mehrzweckhund ohne jede Jagdpassion.
Haltung: Hütehund oder Wach- und Begleithund, auch in der Stadt.

Appenzeller Sennenhund

Appenzeller Sennenhund FCI-Nr. 46 (ohne Abbildung) Schweiz
Höhe und Gewicht: um 50–55 cm, Gewicht o. A.
Körperform: Kleinere Ausgabe des Großen Schweizer Sennenhundes, aber mit Ringelrute.
Farbe und Haar: Farbe wie beim Großen Schweizer Sennenhund, Haar kurz und dicht anliegend.
Abstammung: Siehe Großer Schweizer Sennenhund.
Eigenschaften: Sehr selbständiger, friedlicher Hüte- und Treibhund und aufmerksamer Wächter.
Haltung: Hütehund, doch auch Begleit- und Stadthund.

Berner Sennenhund

Berner Sennenhund FCI-Nr. 45 Schweiz
Höhe und Gewicht: 60–65 cm, Gewicht o. A.
Körperform: Nur wenig kleiner als der Große Schweizer Sennenhund.
Farbe und Haar: Mit buschiger, schräg getragener Rute. Farbe wie beim Großen Schweizer Sennenhund, Haar lang, weiß, ganz leicht gewellt.
Abstammung: Siehe Großer Schweizer Sennenhund.
Eigenschaften: Ruhiger, kinderfreundlicher Hund, der weder rauft noch wildert noch viel bellt. Leicht zu erziehen.
Haltung: Schutz- und Begleithund für Stadt und Land.

Erklärung der Fachausdrücke

Apportieren: herbeibringen.
Brand: eine bestimmte Zeichnung im Fell.
Befederung: lange, gerade Haare an der Unterseite der Rute und der Läufe.
Bracke: Laufhund, der mit der Nase die Fährte des Wildes hält.
Diensthund: speziell dressierter und geprüfter Hund zum Dienst bei Polizei, Zoll und ähnlichen Institutionen.
Fahne: lange, gerade Haare an der Unterseite der Rute.
Fang: Schnauzenpartie.
Feder: siehe Befederung.
FCI = Fédération Cynologique International: Dachverband der Hundeverbände.
Gestromt: schwarze Streifen auf der Grundfarbe des Felles.
Jagdpassion: Leidenschaft bei der Jagd.
Kupieren: Stutzen der Ohren und der Rute beim Welpen.
Läufe: Hundebeine.
Lefzen: herabhängende Lippen.
Mannscharf: angriffslustig auf Menschen.
Meute: Rudel gleichartiger Hunde, die gemeinsam gehalten und zur Jagd verwendet werden.
Pfeffer-und-Salz: schwarzes und weißes Haar dicht gemischt.
Pfeffer-und-Senf: braunes und weißes Haar dicht gemischt.
Rüde: männlicher Hund.
Rute: Schwanz.
Schnauzbart: längere Haare am Fang.
Schalenwild: Reh und Hirsch.
Schlag: Unter-Rasse.
Schur: Kurzschneiden des Felles.
Schweiß: Blutspur des angeschossenen und verletzten Wildes.
Spurlaut: Lautgeben, wenn die Witterung des Wildes aufgenommen wurde.
Standard: „Maßtabelle" für alle Körperteile einer Hunderasse als Grundlage für die Bewertung. Dazu gehört neben der Größe auch Haarbeschaffenheit und -farbe.
Stöbern: Suchen des Wildes in einem Versteck.
Spüren: Verfolgen einer Spur des Wildes.
Verlorenbringen: Suchen und Herbeibringen des geschossenen Wildes.
Vorstehen: Wartestellung vor dem Versteck des Wildes mit erhobenem Vorderlauf.
Welpe: junger Hund.

Register der Hundenamen

Dem Hunde, wenn er gut gezogen
Kurt Kellner
Ein Ratgeber, der dem Hundefreund sowohl bei der Erziehung, Abrichtung, Pflege und bei Krankheiten, aber auch bei der Klärung von Rechtsverhältnissen, der Einrichtung einer Hunde-Apotheke und der Hunde-Ausstattung hilft.
8. Auflage, 160 Seiten, 35 Zeichnungen, 19 SW-Fotos.

In der Reihe
„KOSMOS-Hundebibliothek"
sind erschienen:

Der Chow Chow
Gertrud Jens/Gisela Kindt
Ein Individualist unter den Hunderassen, das ist der Chow Chow. Er schließt sich schon in früher Jugend so eng an „seinen" Menschen an, daß eine spätere Trennung kaum verwunden wird. Das Buch gibt Hinweise über Haltung und behutsame Erziehung dieses eigenwilligen Hundes, zeigt in einem Ernährungsplan, was zu füttern ist, gibt Ratschläge bei Krankheiten und für die Aufzucht und natürlich auch für die Pflege des wuscheligen, wunderschönen Pelzes.

Der Boxer
Frank U. Piech
Ein Boxer sieht recht grimmig und gefährlich aus, wenn er die Zähne fletscht und wütend knurrt. Dabei ist er in der Familie ein liebevoller, anhänglicher und freundlicher Hausgenosse. Nur bei Gefahr wird er ein unnachgiebiger Verteidiger seines Zuhauses, der vor nichts zurückschreckt. Alles, was Sie über Haltung und Ernährung, Aufzucht und Pflege dieses gut zu haltenden Haushundes wissen müssen, finden Sie in diesem Buch.

Erhältlich in Ihrer Buchhandlung
Bitte fordern Sie unsere Informationsschrift P 311 an, die Sie ausführlich über Kosmos-Hundebücher unterrichtet.

Kosmos-Verlag Franckh'sche Verlagshandlung
7 Stuttgart 1 Postfach 640